"家风家教"系列

义
反躬自省扬正气

水木年华 / 编著

郑州大学出版社

郑州

图书在版编目（CIP）数据

义——反躬自省扬正气/水木年华编著. —郑州：郑州大学出版社，2019.2
（家风家教）

ISBN 978-7-5645-5922-9

Ⅰ.①义… Ⅱ.①水… Ⅲ.①家庭道德–中国 Ⅳ.①B823.1

中国版本图书馆CIP数据核字（2019）第001359号

郑州大学出版社出版发行

郑州市大学路40号   邮政编码：450052

出版人：张功员   发行部电话：0371-66658405

全国新华书店经销

河南文华印务有限公司印刷

开本：710mm×1 010mm 1/16

印张：16

字数：246千字

版次：2019年2月第1版   印次：2019年2月第1次印刷

书号：ISBN 978-7-5645-5922-9   定价：49.80元

前言

当今社会，科学发展，教育领先。社会和谐需要以人为本。教育是以影响人的身心发展为直接目的的活动，是学校、社会和家庭对孩子进行培养的过程。

中华民族历来非常重视家庭对孩子的影响，许多名垂千古的圣贤和楷模，在中华民族五千年的悠久历史和灿烂文化中留下了深深的个人烙印。如老子的《道德经》、孔子的《家语》、诸葛亮的《诫子书》、嵇康的《家诫》、杜预的《家诫》、陶渊明的《责子》、王僧虔的《诫子书》、颜之推的《颜氏家训》、朱熹的《朱子语类》、朱柏庐的《朱子治家格言》及曾国藩的《曾国藩家书》等。这些家训典籍，体现着"正心、修身、齐家、治国、平天下"的传统教育思想和"天下兴亡，匹夫有责"的中国传统美德。

家诫，也是家训。有些古人家诫直接以"家诫"为题，实多为后人编书时所加，如三国王肃、唐姚崇、宋欧阳修等都有《家诫》。有些不以"家诫"为名，但也是典型的家诫，这样的作品很多，著名的如马援《诫兄子严敦书》、诸葛亮《诫子书》等。无论是以怎样的形式为名，其真正的目的只有一个，就是为后世子孙留下世代的训诫。大到为国为民，小到修己正身，不仅指出存在的现象，同时引经据典，揭示出事物的本质，在社会生活的各个层面为子孙提出宝贵的意见以及可行性的方法。

传统文化，是一个民族赖以生存和发展的精神支柱，是一个民族凝聚力和创造力的重要源泉，也是家庭与国家精神素质的体现。随着社会的发展、时代的变迁，许多先进的思想和事物应运而生，同时，也滋生了许多侵蚀人们思想、身心和行为的不利因素。利欲熏心、物质崇拜、自私自利、诚信缺乏等问题也悄然出现，成为一个时代不可不面对的问题。

本书秉持弘扬中国文化，立足于浩瀚烟波的传统文化中，对修身、修心、守孝、为学、交友、处世、养生各方面存在不良的品行、陷入的误区、身心的蒙蔽等抽丝剥茧，提出先贤们呕心沥血、以身示范、身体力行的循循劝诱，以之告诫人们在生活中要摒弃的恶行，要拒绝的诱惑，要警惕的陷阱以及要走出的误区。

目录

第 一 章

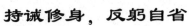

持诚修身，反躬自省

修身不是一件容易的事，无论圣人、君子、还是士，要达到完满的境界，必须不休不辍。修身是一个长期与自己的恶习和薄弱意志做斗争的过程。在这一过程中，不仅要时刻反思自身的言行，更要警惕不要让自己的身体力行被轻浮、骄傲、自大、奢侈等不良品行所控制。本章力引众贤对子女或对弟子的劝诫之言，反躬自省，以达到修己正身之目的。

不修身则心不正 ……………………………………………………… 002

无志之人事难成 ……………………………………………………… 008

莫把名利视正途 ……………………………………………………… 012

骄傲自满是祸根 ……………………………………………………… 016

勿以恶行修己身 ……………………………………………………… 028

奢侈浪费应知耻 ……………………………………………………… 036

物极必反是自然 ……………………………………………………… 051

事不三思终有悔 ……………………………………………………… 058

明诚修心，以正视听

修养身心对于我们每个人来说都非常重要。要想修正自身，就要先端正自心。而人的内心往往容易被外在的事物所迷惑，使人不能够真正地看到事物的本来面目，从而使内心受到蒙蔽。人的内心也容易被邪念所侵蚀，使人不能认清正确的方向，从而使言行受到阻碍。本章通过对先贤们诚言的品读，在循循劝诱下，以正视听。

贪欲乃罪恶之源 …………………………………… 064

迷而不返铸大错 …………………………………… 078

聪明反被聪明误 …………………………………… 085

巧伪不如拙诚 ……………………………………… 089

自私自利是大忌 …………………………………… 094

无信之人无操守 …………………………………… 099

不行道义必受惩 …………………………………… 104

不可固执己见 ……………………………………… 107

切忌偏听偏信 ……………………………………… 112

传诚守孝，勿施逆行

百善孝为先，孝是我们中华民族永远不可丢弃的最美品德。供养父母，善待老人，尊师敬长，友爱兄弟，这些都可谓孝行。但在我们的身边，不孝的行为也屡见不鲜。有时是明知故犯，有时却是无心之失。孝行是人之根本，不孝无法成为真正的人。让我们传诚守孝，让孝行的美德继续得以传承。

不孝不悌枉为人 ……………………………… 118

不敬尊长乱常伦 ……………………………… 124

不要受避讳束缚 ……………………………… 129

溺爱偏宠不可取 ……………………………… 135

家人不和事难成 ……………………………… 138

立诚为学，警惕误区

书山有路勤为径，学海无涯苦作舟。学习对于我们来说是没有止境的，求索的道路上，也只有起点没有终点。在学习的道路上只能不断地努力前行，探索进取，才能真正达到顶峰，看到最美的风景。然而学习的道路上也布满了荆棘，一不小心就会误入歧途，事倍功半。让我们以史为鉴，立诚勤学，警惕学习中的误区，从而让自己学有所成。

君子不可以无学 ……………………………… 144

不良学品要远离 ……………………………… 148

学习惰性需警惕 ……………………………… 153

学问不可急于求成 ……………………………… 159

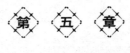

箴诚交友，独具慧眼

与君子交友，如入芝兰之室，久而久之就可以闻到芳香。与小人交友，如入鲍鱼之肆，久而久之闻到的就是臭味。也就是说，我们交友一定要择善而交。但是在生活中，人们往往被许多人的表面现象所蒙蔽，很难识别一个人的真正面目。在利与益的驱使下，人们的言行往往被附加了太多的伪善和修饰。所以我们要以圣诚为尺，独具识友慧眼，拨开层层面纱，找到真正的友谊。

品行不端不可交 ················· 166

阿谀奉承无友谊 ················· 172

势利之友不可交 ················· 176

他人隐私不可揭 ················· 181

小人之友要警惕 ················· 184

第 六 章

禁诫处世，进退自知

行走于世间，要懂得虚以处己、以礼待人。如果能够掌握处世的分寸，明事理，知进退，就会为坎坷的人生铺平道路。反之，如果不明就里，不知谨言慎行，就会为本已荆棘密布的人生之路更添崎岖。为人处世，总有逆境与顺境，在逆境中，困难和压力逼迫身心，这时要懂得委曲求全，以待时机；在顺境中，幸运和环境皆有利于自己，这时要懂得谦恭有度，以防过犹不及。

无礼待人难立世 ················· 192

做事要留余地 ················· 197

助人莫贪回报 ················· 201

切知言多必失 ················· 204

涉世持身勿染 ················· 212

不可优柔寡断 ················· 217

第七章

圣诚养生，摒弃恶习

身体发肤，受之父母。身体是父母给予我们的最宝贵的礼物，所以我们不能不爱护自己的身体，要学会养生，摒弃掉恶习。下面就跟随本章体会一下古人的养生之道。

饮酒不可无度 …………………………………… 224

不可不惜己身 …………………………………… 228

好逸恶劳是歧途 ………………………………… 230

庸人勿自扰 ……………………………………… 232

顺天地自然养生 ………………………………… 235

参考文献 ………………………………………… 243

后记 ……………………………………………… 245

第一章

持诚修身，反躬自省

　　修身不是一件容易的事，无论圣人、君子、还是士，要达到完满的境界，必须不休不辍。修身是一个长期与自己的恶习和薄弱意志做斗争的过程。在这一过程中，不仅要时刻反思自身的言行，更要警惕不要让自己的身体力行被轻浮、骄傲、自大、奢侈等不良品行所控制。本章力引众贤对子女或对弟子的劝诫之言，反躬自省，以达到修己正身之目的。

不修身则心不正

【原文】

所谓修身①在正其心者：身有所忿懥②，则不得其正；有所恐惧，则不得其正；有所好乐，则不得其正；有所忧患，则不得其正。心不在焉，视而不见，听而不闻，食而不知其味。此谓修身在正其心。

——《大学》

【注释】

①修身：修养良好的品德。

②忿懥：愤怒之意。懥，与"至"同音。

【译文】

所谓修养良好的品德要先端正自心，是因为心有愤怒，就不能够端正；心有恐惧，就不能够端正；心有偏好，就不能够端正；心有忧虑，就不能够端正。心思被不端正念头所困扰，就会心不在焉；虽然在看，但却看不明了；虽然在听，但却像没有听见一样；虽然在吃东西，但却不知道食物的滋味。这就是说，修身必须先端正自心。

【原文】

所谓齐其家在修其身者，人之①其所亲爱而辟②焉，之其所贱恶而辟焉，之其所畏敬而辟焉，之其所哀矜③而辟焉，之其所敖④惰⑤而辟焉。故好而知其恶，恶而知其美者，天下鲜矣！故谚有之曰："人莫知其子之恶，莫知其苗之硕。"此谓身不修不可以齐其家。

——《大学》

【注释】

①之：对于。

②辟：亲近、偏爱。

③哀矜：同情、怜悯。

④敖：轻视。

⑤惰：懈怠。

【译文】

所谓治好自家在于先修养自己，是因为人们会有种种情感和认识偏差：对于自己所亲爱的人，往往会有所偏爱；对于自己轻贱和厌恶的人，往往会有所轻贱、厌恶；对于自己敬畏的人，往往会有所敬畏；对于自己同情的人，往往会有所同情；对于自己轻视和怠慢的人，往往会有所轻视和怠慢。因此，喜爱某人同时又知道那人的缺点，厌恶某人同时又知道那人的优点，这种人天下很少见了。所以俗话有这种说法："由于溺爱，人不知道自己孩子的过失；由于贪得，人看不到自己庄稼的苗壮。"这就是不修养自身就不能治好自家的道理。

【原文】

颓惰自甘，家道难成。

——《朱子家训》

【译文】

一个颓废懒惰、沉溺不悟的人，他一定治理不好自己的家业。

第一章　持诚修身，反躬自省

【原文】

所谓治国必先齐其家者，其家不可教而能教人者，无之。故君子不出家而成教于国。

——《大学》

【译文】

要治理好国家，必须先调整好自己的家庭，因为不能教育好自己家庭的人反而能教育好一国之民，这是从来不会有的事情。所以，君子不出家门而能施教于国民。

【原文】

大行①不顾细②谨③，大礼④不辞小让⑤。

——汉·司马迁《史记·项羽本纪》

【注释】

①大行：动词，大的举措，大的作为。

②细：形容词，小，微。

③谨：形容词，慎重小心。

④大礼：盛大的典礼。

⑤小让：小的指责。

【译文】

做大事不拘泥于小节，盛大的典礼不用顾及小的指责。

【原文】

成大事者，不恤小耻①；立大功者，不拘②小谅③。

——明·冯梦龙《东周列国志》

【注释】

①不恤小耻：不怜惜耻辱。

②拘：动词，拘泥。

③谅：固执。

能做成大事的人，不会为小小的耻辱而忧虑；能建立大功勋的人，不会过于拘泥于小小的固执。

家 风 故 事

子发之母教子修己正人

子发是战国时期楚国的一员有勇有谋的大将，由于他能征善战，深得楚宣王的宠爱和信任。这一年，秦国为了扩大自己的地盘，派兵攻打楚国，楚国边关告急。为了楚国的安全和统一，为了使边关百姓能安居乐业，楚宣王派宠将子发率军前去边关与秦国军队作战。子发率兵到了边关后，由于两国势均力敌，因此这场战斗打了很久也不能分出胜负。慢慢地时间一长，楚军在前线断了粮草。军中断粮，将士们在饥饿中怎能打仗？面对这种危急的局面，子发派了一名使者马不停蹄地火速赶回京城向楚宣王求援。

使者回到京城面见了宣王后，向宣王禀报了军情，接着顺便去子发府上看望了子发的母亲。子发的母亲很早就守寡，在清贫中度过了大半生，对于百姓的疾苦她是非常了解的，如今子发虽当上了大将，但她仍然保持着温和善良、通情达理的美德。自从子发领兵到边关与秦军作战到使者来看望她，已过了很长一段时间了，在这段时间里，前方的情况一无所知，因而她非常挂念，便问起前方军中的事情来。

"前方打仗，士兵伤亡重吗？"她关切地对使者问道。

使者说："伤亡倒不是很重，只是军中缺少粮草，将士们已有好些时候没好好地吃顿饭了。这段日子，军中的豆子也越来越少，大家只能在很饿的情况下一粒一粒地分着吃。这次回朝，就是向朝廷告急，以解决军中粮草的问题，请老夫人放心。"

子发的母亲听说军中缺粮，不多的豆子都是一粒一粒地分着吃，心中

第一章 持诚修身，反躬自省

很是悲伤，出于一位母亲的爱子之情，她又问道："那子发在军中怎么样，身体可好？"

使者见子发的母亲问起子发，心想这一定是子发的母亲听到军中缺粮，担心起儿子来了，于是就照实说来："老夫人请不要挂念，将军身体挺好，虽然军中缺少粮草，但为了将军的身体健康，我们是一定要保证将军的粮食的，现在将军每顿尚能吃上肉食和米饭。"

子发的母亲听了使者的话后，顿时紧锁眉头，沉思不语，一直到使者告辞，她也都没再问什么。

楚宣王得知军情后，立即派人筹备粮草，火速给前线送去。宣王的关心，使士兵士气大振，大家同仇敌忾，一鼓作气，连连得胜，一举打败了秦军。子发这次出征，取得了空前的胜利。他率军班师回朝后，连忙回府去见母亲。可是，母亲却将大门紧紧地关闭，不让子发入门。家里的总管不解地问："老夫人，子发带兵打仗，已出去了这么长时间，你在家里日里思，夜里想，好不容易现在子发凯旋回来了，你却不让他入门，到底是为什么呢？"子发的母亲不理会总管的问话，只是让管家去见子发，并要管家把她的话捎给子发。

"这是怎么回事？"在家门外急得团团转的子发，一见管家，赶紧抓住管家的手急切地问。

管家说："将军，我有话要说，请你冷静一下。自从你远征后，你母亲总是挂念着你，嘴里叨唠着你。然而，筹粮的使者来到家后，你母亲就变得默默不语了，有时一坐就是一天。今天你回来，她让我给你捎个口信!"

子发赶忙说："请管家快快讲来!"

管家说："你母亲要我告诉你，以后不要你进家门了，也不要你回来见她。"子发猛地吃了一惊，说："怎么会这样？我在外面到底做错了什么，要给我这样的处罚？我要去见见母亲，问问清楚，这到底是怎么回事？"说完，就要进去。

这时，管家一把拦住子发，对他说："你进去也没有用，老夫人也不会见你。不过你别急，我还有话没说完，你母亲要我问你，你可知道历史上越王勾践伐吴的故事吗？"

"那个故事我怎么不知道，连小孩子都知道，这个故事与我回家又有什么关系呢？"

管家继续说："你知道越王在战场上，有人曾献给他一罐酒吗？你可知道越王是怎么处理这罐酒的？"

"知道。"子发想起了越王伐吴的时候，在战场上有人给他送去了一罐酒，他不愿自己独饮，要与全军将士共享此酒，可是就这罐酒，不够将士同饮，越王最后派人把酒洒在江的上游，并与士兵同饮下游的江水。虽然大家都没尝到酒味，但越王这种有乐同享、有难同当的精神，大大地鼓舞了全体士兵，使每个人的战斗力增加了数倍。想到这里，还没等子发明白这其中的含义，管家又说道："你母亲还让我问你，越王的军队在战场上断了军粮，这时有人献给越王一口袋干粮，他又是怎样处理这袋干粮的？"

"这个……"对于母亲所问的这个故事，子发也是知道的，那也是在越王伐吴时，正在战斗紧张的时刻，偏偏这时军中断粮，将士们仍忍着饥饿英勇地战斗着。同样，越王勾践也是忍着饥饿指挥战斗。这时，有人给他献上了一袋干粮，越王没有独吞，还是把它分给了士兵们。虽然大家都只分到了一点点，都没有吃饱肚子，但士兵们更加敬重越王，决心更加英勇杀敌。这袋干粮虽没解决缺粮的问题，却使每个士兵看到了越王和他们一样同甘共苦，忍饥挨饿，心里非常感动，所以士气大振，打起仗来英勇无比，终于克服了缺粮的困难，一鼓作气，取得了战场上的胜利。

管家看子发在沉思，又说："你母亲说你小时候因为家里穷，吃不饱饭，饥饿的痛苦你忘记了吗？如今你做了将军，就高高在上，不为士兵们着想，他们忍饥挨饿，你却吃肉吃饭，难道你就没想到这是多么的不应该，你也吃得下去？难道你就忘了母亲平时是怎样嘱咐你的？一个好将军，应该爱护士兵，与士兵同甘共苦。你母亲说她知道你这样做后，心里不是滋味，她觉得自己没有教育好自己的儿子，有愧于这些士兵，有愧于国家。她还说，士兵在战场上拼死杀敌，每天却只吃为数不多的豆子，你

第一章　持诚修身，反躬自省

却吃得饱饱的,像你这样的将军,怎么能打胜仗?这次虽然取得了胜利,但不是你的功劳,是因为宣王及时送去了粮草,解决了缺粮问题,使士兵齐心上阵,奋勇杀敌。这功劳应归于宣王和那些冲锋陷阵的将士。你这样做,也辜负了宣王对你的宠爱和将士们对你的信任,她说她不要这样的儿子,所以就不要你进这个家门了。"

子发听到这里已是泪流满面,他羞愧地恳求管家不要再说了,并说:"母亲批评得很对,我已知错了,决心改过,请管家向母亲求情,让我进去当面向母亲谢罪,任凭母亲发落。"后来经过管家的苦苦相劝,子发的母亲才让他进家门。

从此,子发的确像她母亲希望的那样,爱护士兵,体察他们的疾苦,成为一个真正的好将军。

无志之人事难成

【原文】

闻汝充役,室如悬磬①,何以自辨?论德则吾薄,说居则吾贫,勿以薄而志不壮,贫而行不高也!

——司马徽《诫子书》

【注释】

①悬磬:形容家里一无所有,极其贫穷。

【译文】

听说你为国从役,但家里极为贫困,你应怎样看待这些呢?谈到德操,我们很浅薄,论到家庭,我们很贫穷,然而不要因为浅薄而使我们志气不雄壮，因为贫穷而操行不高尚啊！

【原文】

夫志当存高远。慕先贤，绝情欲，弃疑滞①，使庶几②之志，揭然③有所存，恻④然有所感；忍屈伸，去细碎，广咨问，除嫌吝，虽有淹留，何损于美趣，何患于不济。若志不强毅，意不慷慨，徒碌碌滞于俗，默默束于情，永窜伏于凡庸，不免于下流矣。

——诸葛亮《诫外生⑤书》

【注释】

①疑滞：怀疑滞留。这里作"疑虑"讲。

②庶几：好学并可以成才的人。

③揭然：高举，这里做明确讲。

④恻：通"切"，意为诚恳。

⑤生：通"甥"。

【译文】

你应当胸怀高远的志向。仰慕前代贤人，戒绝情欲，抛弃疑虑。使成贤才的志向，明确在心中，并诚恳地为它所感动。忍受屈伸荣辱，丢掉琐碎的杂念，广泛地请教，切莫吝啬猜疑。即使仍然名位低下，又怎会损伤自己的美好志趣，又何必担心不能够成功。如果心志不坚强刚毅，意气不慷慨昂扬，只是被世俗所困扰而辛苦繁忙，被情欲所束缚而意志消沉，那势必永远沦为凡夫俗子之列，免不了成为低人一等的庸俗之辈。

【原文】

苍蝇附骥①，捷则捷矣，难辞处后之羞②；茑萝③依松，高则高矣，未免仰攀之耻④。所以君子宁以风霜自挟⑤，毋为鱼鸟亲人⑥。

——《菜根谭》

第一章 持诚修身，反躬自省

【注释】

①苍蝇附骥：比喻依附先辈或名人得以成名。骥，好马。

②处后之羞：跟在别人后面、从属于人的耻辱。

③茑萝：两种缠绕依附在别的物体上生长的蔓生植物。

④仰攀之耻：向上攀缘、看人脸色的耻辱。

⑤风霜自挟：形容严肃冷峻。

⑥鱼鸟亲人：鱼鸟因为受到人的喂养而和人亲近。

【译文】

苍蝇落在骏马身上，跟着骏马飞驰，快确实是快了，却难以逃避跟在别人后面、依附于人的羞耻；茑和萝缠绕依附在松树身上生长，高确实是高了，却不能避免攀附他人的耻辱。所以君子宁可严肃冷峻地守着自己清高的节操，也不会学鱼和鸟那样靠人喂养。

【原文】

人无志，非人也。但君子用心①，所欲准行，自当量②其善者，必拟议而后动。若志之所之，则口与心誓，守死无二。

——三国·魏·嵇康《家诫》

【注释】

①用心：考虑事情。

②量：衡量，效法。

【译文】

人不立志，不能算人。君子考虑事情，应当效法好人好事，经过认真思考筹划后，再付诸行动。立志要做的事，就在心里发誓做好，始终不贰。

【原文】

有志①方有智②，有智方有志。惰③士鲜明体，昏④人无出意。

兼兹庶其立，缺之安所诣。珍重少年人，努力天下事。

——明·汤显祖《智志咏》

【注释】

①志：志向。

②智：智慧。

③惰：怠惰。

④昏：昏庸。

【译文】

有志向才会有智慧，有知识才能立大志。怠惰的人罕见能识大体，昏庸的人没有创意。兼具志智的人应该能够成就一番事业，缺乏这两者的人前程茫然。珍重啊少年人，努力去做事业吧！

家风故事

陈胜胸怀大志

秦朝末年，有一个叫陈胜的年轻人，出身农家，以帮人种地为业。有一次休息的时候，陈胜躺在地上，望着天空，幽幽地说："假如我们中间有人将来发达了，一定不要忘记曾经一起劳动过的好朋友！"周围的人听了哄然大笑："我们祖祖辈辈都是给人种地的，怎么可能会有荣华富贵的那一天呢！快别做那不切实际的白日梦啦！"陈胜感到很无奈，叹道："唉！都说燕雀不知道鸿鹄的志向，你们这群庸庸碌碌的人怎么可能知道我的志向呢！"

当时正值秦二世即位不久，陈胜被征调到北方服劳役。在赶往北方的路上，天降大雨，道路泥泞，耽误了行军日期。按照秦朝的律法，陈胜等人都应当被处死。与其白白送死，倒不如以死相搏，也许还有一线生机。于是陈胜心一横，率众杀死了看守将领，振臂一呼，揭竿而起，喊出"王

第一章　持诚修身，反躬自省

侯将相，宁有种乎"的口号，揭开了反抗暴秦统治的序幕。经过艰苦卓绝的战斗，陈胜最终自立为王，建立了中国历史上第一个农民起义政权，沉重打击了秦王朝的统治。虽然陈胜领导的农民起义最终失败了，但他的故事被司马迁大书特书，成为中国历史上最辉煌灿烂的一部分。

莫把名利视正途

【原文】

夫谋利而遂①者，不百一；谋名而遂者，不千一。今处世不能百年，而乃徼幸②于不百一、不千一之事，岂不痴③甚矣哉！

——南宋·陆九韶《居家正本制用篇·正本》

【注释】

①遂：如愿。

②徼幸：侥幸。

③不痴：愚蠢。

【译文】

谋利而如愿的人，百人中间没有一个。谋名而如愿的人，千人中间没有一个。人活不到一百年，而侥幸想获取成功率不高的名和利，难道不是太愚蠢了吗？

【原文】

人知名位①为乐，不知无名无位之乐为最真；人知饥寒为忧，不知不饥不寒之忧为更甚②。

——《菜根谭》

【注释】

①名位：名利和地位。

②更甚：更加痛苦。

【译文】

只知道拥有名利地位是人生一大乐事，人们却不知道那种没有名声地位牵累的快乐才是最实在的人生乐趣；只知道挨饿受冻是最痛苦、最值得忧虑的事，人们却不知道那些虽无饥寒之苦，却因为种种欲望，弄得精神空虚忧愁才更加痛苦。

【原文】

石火光中①争长竞短，几何光阴？蜗牛角上②较雌论雄，许大③世界？

——《菜根谭》

【注释】

①石火光中：用铁击石所发出的火光一闪即逝，形容人生短暂。

②蜗牛角上：比喻地方极小。

③许大：多大。

【译文】

人生就像用铁击石所发出的火光一闪即逝，在这种短暂的生命时光中去争夺名利究竟有多少的时间呢？人类在宇宙中所占的空间就像蜗牛角那么小，在这狭小的地方去争强斗胜究竟有多大世界呢？

【原文】

名之与实，犹形之与影①也。德艺②周厚③，则名必善焉；容色④姝丽⑤，则影必美焉。今不修身而求令名⑥于世者，犹貌甚恶而责⑦妍影⑧于镜也。上士忘名，中士立名，下士窃名。忘名者，体道⑨合德⑩，享⑪鬼神⑫之福祐，非所以求名也；立名者，修身慎行，惧荣观⑬之不显，非所以让名也；窃名者，厚貌⑭深奸⑮，干⑯浮华之虚称⑰，非所以得名也。

——《颜氏家训》

【注释】

①影：镜中之像。

②德艺：德性和才能。

③周厚：完善而笃厚。

④容色：相貌。

⑤姝丽：美丽漂亮。

⑥令名：美名。

⑦责：求。

⑧妍影：美好的图像。

⑨体道：依循道德。

⑩合德：符合道德。

⑪享：享受。

⑫鬼神：古人以为，人类的生活都是由一种无形的鬼神之意所控制的，遵奉道德者，鬼神保佑他，福禄俱全；违背道德者，必受到鬼神的惩罚。这是一种因果报应的迷信思想。

⑬荣观：荣耀。

⑭厚貌：表面温厚。

⑮深奸：内心藏奸。

⑯干：求。

⑰虚称：虚名。

【译文】

名誉与事实，就像影像与形体一样。道德笃厚、才能完备的人，名誉自然好；面容美丽的人，其影像也肯定优美。现在，如果不修善自身而企图在世间求得美名，就像相貌丑陋而幻想在镜中映出美好的影像一样，不可能实现。道德高尚的人，忘却名利；道德一般的人，想要树立名声；道德低下的人，窃取名誉。忘名的人，遵循古训，符合道德标准，享受鬼神的恩惠和保护，用不着去追求名誉；想立名的人，修善自身，谨慎行事，害怕荣耀得不到显现，从不想让开名誉；窃名的人，表面温厚而内心奸诈，追求虚名，华而不实，最终却不能得到名誉。

家 风 故 事

黔娄淡泊名利做自己

武城人黔娄，是曾子的弟子，先曾子死去，曾子带着弟子们前往武城吊唁。黔娄妻衣衫褴褛，面容憔悴，但举止文雅，彬彬有礼。她把客人一一让进灵堂，守候在黔娄灵前。

黔娄的尸体停放在门板上，枕着土坯，盖着一个破麻布单子，弃头露足。曾子说："斜着盖，就可以把他的整个尸体盖严了。"黔娄妻说："斜着盖虽然盖严尸体还有余，倒不如正正当当盖不严好。他活着时，为人正而不斜，死了把麻布盖斜了，并非他自己的意思，是我们强加给他的，如何使得？"

曾子哭着说："黔娄已经死了，应该封他个什么谥号呢？"黔娄妻子不假思索地说："以'康乐'为谥号。"曾子感到奇怪，问道："黔娄在世时，食不饱腹，衣不暖体，死后连个能盖住全身的单子也没有。活着时，虽然整日能看到酒肉，但是吃不到，死后也无法用酒肉祭祀，怎么能称为'康乐'呢？"

黔娄妻慷慨陈词："他活着的时候，国君曾经想让他做官，把相国的重要职位交给他，他以种种理由推辞掉了，这应该说他是有余贵的；国君曾经恩赐粮食三千给他，也被他婉言谢绝了，这应该说他是有余富的。他一贯吃粗饭，喝淡茶，但是心甘情愿，他的职位虽然低下，却安心满足。他从不为自己的贫穷和职位低下而感到悲观、伤心，也从不为富有和尊贵而感到满足和高兴。他想求仁就得到了仁，想求义就得到了义。因此，我认为他的谥号应该为'康乐'。"曾子觉得她的话很有道理，感叹道："惟斯人也，斯有斯妇！"

黔娄就是这样一个淡泊名利的人，他的妻子同样也是如此。这种人生观，连曾子也发出了"斯人斯妇"的感叹。

骄傲自满是祸根

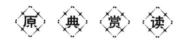

【原文】

事①者，生②于虑③，成于务④，失于傲⑤。

——《管子·乘马》

【注释】

①事：事业。

②生：产生，开始。

③虑：动词，思考，谋划。

④务：动词，专心从事，致力于。

⑤傲：形容词，骄傲，傲慢。

【译文】

各项事业都产生于谋划和周详的思虑，因为辛勤努力而成功，因为骄奢淫逸而失败。

【原文】

自高者处危①，自大者势孤②，自满者必溢③。

——《处世悬镜》

【注释】

①危：危险。

②势孤：势单力薄。

③溢：下坡路。

【译文】

自视甚高的人处境危险，自以为是的人势单力薄，自满骄傲的人会慢慢地走下坡路。

【原文】

帆只扬五分，船便安；水只注五分，器便稳。如韩信①以勇略震主被擒，陆机②以才名冠世见杀，霍光③败于权势逼君，石崇④死于财赋敌国，皆以十分取败者也。康节⑤云："饮酒莫教成酩酊，看花慎勿至离披⑥。"旨哉言乎⑦!

——《菜根谭》

【注释】

①韩信：秦末淮阴人，与萧何、张良并称"汉初三杰"。初从项羽，后归刘邦，封楚王。后被刘邦以谋反罪降为淮阴侯，最终被吕后所杀。

②陆机：字士衡，西晋吴郡人，以文才名噪一时。后事成都王司马颖，曾官平原内史、后将军、河北大都督，后因战败受谮，为司马颖所杀。

③霍光：字子孟，汉河东平阳人。武帝时为奉车都尉，在朝小心谨慎，出入宫廷二十余年，未尝有过。武帝死后，霍光秉政二十余年，族党满朝，权倾内外。宣帝亲政后，收霍氏兵权，并以谋反罪夷其族。

④石崇：晋南皮人，生于青州，故小字青奴，又字季伦。历任散骑常侍、荆州刺史等职，尝劫远使商客致富，于河阳置金谷园，奢靡无度，家财敢与国库相比。后为人所谮，被赵王司马伦杀害。

⑤康节：邵雍，字尧夫。康节是朝廷赐给他的谥号。宋代的著名学者、中国占卜界的主要代表人物、象数派易学的代表人物。

⑥离披：散乱的样子。

⑦旨哉言乎：意味深远之言。

【译文】

风帆只要扬起二分之一，船就能稳稳地航行。水只要注入二分之一，容器就能稳定。这就如：韩信因为勇猛和谋略并济，招来刘邦的猜忌而被杀害；陆机因为才华横溢，名噪一时，受人谗毁被杀；霍光因为权势之大使君主觉得受到了威胁而在死后被诛灭九族；石崇因为富可敌国而死于赵王司马伦之手。他们都是因为达到了极限才导致败亡的。邵雍说："喝酒不能喝得酩酊大醉，看花不要看得神情散乱。"这真是金玉良言啊！

【原文】

敖①不可长，欲不可从②，志不可满，乐不可极。

——《曲礼上》

【注释】

①敖：与"傲"同，骄傲之意。

②从：与"纵"同，不加约束之意。

【译文】

傲慢不可以滋长，欲望不可以不加约束，意志不可以自满，欢乐不可以走向极端。

【原文】

鹤立鸡群，可谓超然无侣矣。然进而观于大海之鹏，则渺然自小。又进而求之九霄之凤①，则巍乎莫及。所以至人常若无若虚，而盛德②多不矜不伐③也。

——《菜根谭》

【注释】

①九霄之凤：翱翔在高空中的凤凰。九霄，天之极高处，高空。

②盛德：崇高的品德，深厚的恩德。

③不矜不伐：不自以为了不起，不为自己吹嘘，不居功自傲。矜、伐，自夸自大的意思。

【译文】

鹤在鸡群中，可以说是卓越超群没有谁能比得上了。然而进一步看大海中的大鹏鸟，鹤就显得非常渺小了。再进一步与飞翔在高空中的凤凰相比，就更显得凤凰高远不可及了。所以品行高洁、品德修养高超的人常常非常谦虚。有崇高品德的人大多不会居功自傲、自以为是。

【原文】

居盈①满者，如水之将溢未溢，切忌再加上一滴；处危急者，如木之将折未折，切忌再加一搦②。

——《菜根谭》

【注释】

①盈：充满。《诗经·小雅·楚茨》："我仓既盈。"

②搹：压制。左思《魏都赋》："搹秦起赵。"

【译文】

当一个人的权力达到鼎盛的时候，就像已经装满水的水缸一样，这时千万不能再加入一滴，否则就会立刻流出来；当一个人处在危险急迫的状况时，就像树木将要折断却还未折断的时候，千万不能再施加一点压力，否则就会有当即折断的危险。

【原文】

我虽异事①，及尔同僚②。我即③尔谋④，听我嚣嚣⑤。我言维⑥服⑦，勿以为笑！先民⑧有言，询⑨于刍荛⑩。天之方虐，无然谑谑⑪。老夫⑫灌灌⑬，小子⑭蹻蹻⑮。匪⑯我言耄⑰，尔用忧谑⑱。多将⑲熇熇⑳，不可救药。

——《诗经·大雅·板》

【注释】

①异事：做事不同，意指官职有别。

②同僚：同在王朝任职。

③即：接近。

④谋：商量。

⑤嚣嚣：不中听的样子。

⑥维：是。

⑦服：治，有用。

⑧先民：先贤。

⑨询：询问，请教。

⑩刍荛：指割草打柴之人，泛指普通劳动者。刍，草，这里为割草。

⑪谑谑：戏侮的样子。

⑫老夫：年老者自称。

⑬灌灌："款款"，诚恳的样子。

⑭小子：年轻人。

⑮蹻蹻：傲慢无礼的样子。

⑯匪：非。

⑰耄：老耄，这里意为年老糊涂。

⑱忧谑：犹如"戏谑"。

⑲多将：多行，多做。

⑳熇熇：炽盛的样子。

【译文】

你我的职守虽然不一样，毕竟都在朝堂为官。我找你共谋大事，对你的忠告，你领会不到。我说的话是有用的，你不要以为可笑。先人们说过：有时需要向割草砍柴的樵夫询问。老天爷正在降下灾祸，你不应该这样狂谑，老夫我诚恳向你建言，你小子骄傲爱逞强。我不是年老了爱说昏话，你傲慢无礼不应该。多做坏事张狂一时，想找良药都找不到。

【原文】

谦虚①冲损②，可以免害。

——《颜氏家训》

【注释】

①谦虚：谦逊，虚心。

②冲损：谦和，谦抑。

【译文】

谦逊虚心，谦和谦抑，可以避免祸害。

【原文】

汝其毋傲吝，毋荒怠，毋奢越，毋嫉妒。

——《列传》

第一章 持诚修身，反躬自省

【译文】

你可不要傲慢吝啬，不要荒淫怠惰，不要奢侈越礼，不要嫉妒别人。

【原文】

《礼》云："欲不可纵，志不可满。"宇宙可臻①其极②，情性不知其穷，唯在少欲知足，为立涯限③尔。先祖靖侯戒予侄曰："汝家书生门户，世无富贵；自今仕宦不可过二千石④，婚姻勿贪势家。"吾终身服膺⑤，以为名言也。

——《颜氏家训》

【注释】

①臻：至，到达。

②极：穷尽之处，边缘。

③涯限：界限。

④二千石：二千石粮食为古时郡守、诸侯相的俸禄数量。

⑤服膺：铭记在心。

【译文】

《礼记》说："欲望不可放纵，志向不可盈满。"天地尚有极限，人的性情却不知道它的尽头，只有减少欲望，知道满足，为自己立个界限。先祖靖侯公告诫子侄说："我们家是书香门第，世世代代不曾富贵显达，从现在起，你们做官不可超过二千石的官职，子女嫁娶不要贪图有权势的人家。"我终身信奉这些话，把它作为至理名言。

【原文】

心不可不虚①，虚则义理②来居；心不可不实③，实则物欲不入。

——《菜根谭》

【注释】

①虚：虚心，谦虚。

②义理：言辞、文章的含义和观点。

③实：充实，真实。

【译文】

一个人不可以不虚心，虚心才能接纳真理和学问；一个人的心里不可以不充实，充实的内心才能抵制住各种物质欲望的诱惑。

【原文】

君子不施其亲，不使大臣怨乎不以①。故旧②无大故则不弃也，无求备于一人。君子力如牛，不与牛争力；走③如马，不与马争走；智如士，不与士争智。德行广大而守以恭者，荣；土地博裕而守以俭者，安；禄位尊盛而守以卑者，贵；人众兵强而守以畏者，胜；聪明睿智而守以愚者，益；博文多记④而守以浅者，广。去矣，其毋以鲁国骄士矣！

——《诫伯禽》

【注释】

①以：任用。

②故旧：老臣，故人。

③走：跑。

④博文多记：博闻强记。

【译文】

有德行的人不怠慢他的亲族，不让大臣抱怨未被信用。老臣故人只要没有发生严重过失，就不要抛弃他，不要对某一人求全责备。

有德行的人即使力大如牛，也不会与牛比力气大小；即使能飞跑如马，也不会与马比试跑得快慢；即使智慧如谋士，也

第一章 持诚修身，反躬自省

不会与谋士竞争智力高下。

德行广大者以谦恭的态度自处，便会得到荣耀。土地广阔富饶，用节俭的方式生活，便会永远平安；官高位尊而用卑微的方式自律，你便更显尊贵；兵多人众而用谨慎的心理坚守，你就必然胜利；聪明睿智而用愚陋的态度处世，你将获益良多；博闻强记而以肤浅自谦，你将见识更广。上任去吧，不要因为鲁国的条件优越而对谋士骄傲啊!

【原文】

澄侯四弟左右：

弊云："富家子弟多骄，贵家子弟多傲。"非必锦衣玉食、动手打人而后谓之骄傲也。但使志得意满毫无畏忌，开口议人短长，即是极骄极傲耳。余正月初四信中，言戒骄字，以不轻非笑人为第一义；戒惰字，以不晏起为第一义。望弟常常猛省，并戒子侄也。

——《曾国藩家书》

【译文】

澄侯四弟左右：

谚语说："富家子弟多骄，贵家子弟多傲。"不一定非要穿锦衣、吃山珍海味、动手打人才称得上是骄傲，意得志满毫无顾忌，开口议人短长，就是极端骄傲。我正月初四的信中说戒除"骄"字，以不轻易非议嘲笑人为第一要义；戒除"惰"字，以不晚起为第一要义。望弟弟常常检查反省，并告诫子侄们。

【原文】

四位老弟足下：

前次回信内有四弟诗，想已收到。九月家信有送率五诗五首，想已阅过。吾人为学最要虚心。尝见朋友中有美材者，往往恃才傲物，动谓人不如己，见乡墨则骂乡墨不通，见会墨则骂会墨不通，既骂房官，又骂主考，未入学者则骂学院。平心而论，己之所为诗文，实亦无胜人之处；不特无胜人之处，而且有不堪对人之处。只为不肯反求诸己，便都见得人家不是，既骂考官，又骂同考而先得者。傲气既长，终不进功，所以潦倒一生而无寸进也。诸弟平日皆恂恂退让，第累年小试不售，恐因愤激之人，致生骄惰之气，故特作书戒之，务望细思吾言而深省焉。

——《曾国藩家书》

【译文】

四位老弟足下：

头次回信，里面有四弟的诗，想必已收到了。九月里给家中的信中有送率五的诗五首，想必也都看过了。我们这些人做学问，最要虚心。常见朋友中有天分好的人，常常恃才傲物，时时说别人不如自己，见考举人的文章骂人家不通，见考进士的文章也骂人家不通，既骂分房阅卷的同考官，又骂主持考试的主考官，未入学的就骂学院。平心而论，他们自己所写诗文，实在也不比别人强；不但没有比别人强的地方，而且有见不得人的地方。只是因为不肯反省要求自己，就都只看见人家的不足，既骂考官，又骂与自己一同参加考试而考中的人。傲气既长，始终不能进步，只能是终生潦倒无所长进。各位兄弟平时都是谨慎退让的谦谦君子，只是好几年科举都不顺利，我怕你们心情激愤，时间长了，以致生出骄惰之气，特写信告诉你们有所戒备，请务必细细体味我的话，深刻反省自己。

第一章｜持诚修身，反躬自省

家 风 故 事

柳公权戒骄

柳公权小时候字写得不好，常常受到老师和父亲的批评。他虚心听从他们的教诲，经过一年的勤学苦练，写的字进步很大，受到老师的表扬。受表扬的次数多了，柳公权也觉得自己很了不起。

有一天，柳公权和几个小伙伴举行写大楷比赛。他很快地写好了一篇，满以为稳拿冠军，脸上露出得意扬扬的神色。一位卖豆腐的老人见柳公权这么不谦虚，想给他泼点凉水，走过去对他说："华原城里，有个人用脚写字，写得比你还要好。"柳公权听了有点不服气，第二天一大早就赶到华原城。他亲眼看到那位无臂老人用左脚压住铺在地上的纸，用右脚夹住毛笔，龙飞凤舞地写对联，写出的字比自己不知要好多少倍。他冷静下来想想，觉得自己那么一点成绩真算不得什么。他诚恳地对那位无臂老人说："柳公权愿拜您为师，请老师告诉学生写字的秘诀。"无臂老人沉思片刻，给他写了四句话："写尽八缸水，砚染涝池黑。博取百家长，始得龙凤飞。"

老人解释说："这就是我写字的秘诀。我用脚写字，已经练了50多个年头。我磨墨练字用完八大缸水，每天写完字就在半亩大的池塘里洗砚，池水都染黑了。可是天外有天，山外有山，我的字还差得远呢！"柳公权牢牢记住老人的话。

从此以后，柳公权更加勤奋地练字。他收集了许多古代书法家的字，反复琢磨，吸取各家的长处。他经常登门拜访当时的书法名家，向他们虚心求教。他还时常请同学、亲友、陌生人指出自己书法上的不足之处。柳公权在书法领域不知满足地刻苦钻研，终于成为著名的书法家。

做人谦卑的品行不是所有人都能长期坚持的，人可能会因为一时的成功而得意忘形，极力地在别人面前表现自己的价值。其实是否有价值大家都是有目共睹的，一味表功的人不但不能达到他预期的目的，相反会给他的功劳打折，并不会赢得别人的尊敬。

叔向贺贫

韩宣子身为晋国的卿族，却因为家徒四壁而发愁。好友叔向知道后，却向他表示祝贺。

韩宣子说："我这个晋卿有名无实，贫困不堪，有什么值得你祝贺的呢？"

叔向回答："从前栾武子没有百人的田产，掌管祭祀却连祭祀所需的器具都不全。可是他能够遵循法度，传播美德，于是诸侯亲近他，戎狄归附他，安邦定国平天下，立下不世之勋。再看郤昭子，家族中五人为大夫，三人为卿，财产抵得上半个国库，家里的佣人抵得上半支军队，穷奢极欲，为富不仁，最后落得陈尸朝堂、满门抄斩的下场，没有一个人同情他们，只是因为没有德行的缘故！现在的你像栾武子一样清贫，我认为你应该能继承他的德行建功立业，所以特来表示祝贺。如果你不忧道德之不建，只愁财产之匮乏，我哀怜尚且来不及，哪里还会来向你祝贺呢？"

韩宣子听了，顿时醒悟。于是向叔向下拜，并叩头说："我正在走向灭亡的时候，全靠你拯救了我。不但我本人蒙受你的教诲，所有的韩氏子孙都会感激你的恩德。"

第一章 持诚修身，反躬自省

勿以恶行修己身

【原文】

天地鬼神之道，皆恶①满盈②。

——《颜氏家训》

【注释】

①恶：厌恶。

②满盈：语出《周易·谦·象传》："天道亏盈而益谦，地道变盈而流溢。鬼神害盈而神福谦，人道恶勇而好谦。"

【译文】

天地鬼神之道，都厌恶自满。

【原文】

刻薄成家，理无久享。

——《朱子家训》

【译文】

靠刻薄别人、坑害别人起家的，是不可能长久地享受荣华富贵的。

【原文】

夫人不可不自勉。不善之人未必本恶，习以性成，遂至于此。梁上君子①者是矣。

——《梁上君子》

①梁上君子：藏于梁上的那个人，后以"梁上君子"作为盗贼的代称。

【译文】

人不能不自己勉励自己。不善良的人不一定本性就邪恶，只是做坏事的时间长了就形成了一种坏习惯，于是便落到了"梁上君子"这样的地步。

【原文】

倚高才而玩世①，背后须防射影之虫②；饰厚貌③以欺人，面前恐有照胆之镜④。

——《菜根谭》

【注释】

①玩世：以嬉戏玩耍的态度处世。

②射影之虫：蜮，也叫射工。古代传说中的一种虫，在水中听到人声，就吹气激起水或含沙射人和人的影子。被射中的人便生疮，被射中影子者也得病。用来比喻阴险卑鄙的小人。

③厚貌：老实忠厚的样子。

④照胆之镜：传说秦咸阳宫中有大方镜，能照见人的五脏病患。女子有邪心者，以此镜照之，可见胆张心动。

【译文】

依仗着自己出众的才干，以嬉戏轻蔑的态度处世，需要防备背后有小人诋毁中伤；假装忠厚老实以此来欺骗别人，面前恐怕会有照出人肝胆的镜子。

【原文】

曲意①而使人喜，不若直节②而使人忌；无善而致人誉，不如无恶而致人毁。

——《菜根谭》

第一章 持诚修身，反躬自省

【注释】

①曲意：委屈自己的意志，违背自己的意愿。

②直节：刚正不阿。

【译文】

违背自己的意愿，刻意去讨好别人，不如刚直不阿使别人忌恨；没有善行却无故得到别人的赞美，不如没有过错却遭到小人的毁谤。

【原文】

不责人小过①，不发②人阴私③，不念人旧恶④；三者可以养德⑤，亦可以远害。

——《菜根谭》

【注释】

①过：过错，失误。

②发：揭露，揭发。

③阴私：即隐私，生活中隐秘的事情。

④旧恶：从前的过错与失误。

⑤养德：培养道德。

【译文】

不责怪别人的小过错，不揭发别人的隐私，不对别人从前的错误念念不忘；这样做既可以培养我们的道德品行，又可以使我们躲开祸患。

【原文】

勿恃①势力，而凌逼孤寡②；毋贪口腹③，而恣④杀生禽。

——《朱子家训》

【注释】

①恃：仗着。

②孤寡：孤儿寡妇。

③口腹：享受美味。

④恣：无所顾忌。

【译文】

不要仗着势力去凌侮逼迫孤儿寡妇，不要贪图口腹之享，而无所顾忌地宰杀禽畜。

【原文】

蜂①虿②之毒，可伤肌肤；人心之黑，可弥日月。

——《处世悬镜》

【注释】

①蜂：蜜蜂。

②虿：蝎子。

【译文】

蜜蜂和蝎子的毒，不过是损伤人的皮肤；人的心要是黑暗起来，那可是足以遮蔽日月的光辉。

【原文】

一念错，便觉百行皆非，防之当如渡海浮囊①，勿容一针之罅②漏；万善全，始得一生无愧，修之当如凌云宝树③，须假④众木以撑持。

——《菜根谭》

【注释】

①渡海浮囊：浮水用的皮囊，多用牛皮或者羊皮制成。充满气后，扎紧气囊口，人带着它可以渡河过江。《神机制敌太白阴经·济水具》中有记载："浮囊以浑脱羊皮吹气令满，紧缚其孔，缚于肋下，可以渡也。"

②罅：裂缝。

第一章 持诚修身，反躬自省

③凌云宝树：宝树，佛教用语，在《妙法莲花经·如来寿量品》中有"宝树无花果，众生所游乐"之句。凌云，谓高入云霄，极言其高。

④假：凭借，依靠。

【译文】

一个念头错了，便觉得几乎所有行为都不正确了，所以要提高警惕，谨防一念之差。对于差错的提防，就好比对待渡河用的皮囊，不允许有一个针眼大的裂缝。各种各样的好事都去做，才能无愧于此生。就像那西方佛地的宝树靠众多树木扶持一样，修身也需要人们多多积累善行。

【原文】

恶人之心无过，常人之心知过，贤人之心改过，圣人之心寡过；寡过故无过，改过故不贰过，仅知过故终有其过，常无过故怙终①而不改其过。

——《颜元集·颜习斋先生言行录·卷上》

【注释】

①怙终：这里指仗恃奸邪而终不悔改。

【译文】

邪恶人的心不认为自己有过错，普通人的心能知道自己有过错，贤人的心是力求改正过错，圣人的心是要很少有过错；要很少有过错所以能没有过错，力求改正过错所以不会有第二次过错，仅仅知道过错所以最终还是有过错，总是认为自己没有过错所以仗恃奸邪而终不悔改过错。

【原文】

所恶①于上，毋以使下；所恶于下，毋以事上；所恶于前，毋以先后②；所恶于后，毋以从前；所恶于右，毋以交于左③；

所恶于左，毋以交于右。此之谓絜矩之道④。

——《礼记·大学》

【注释】

①恶：讨厌，不喜欢。

②所恶于前，毋以先后：厌恶前面的人对待自己的事，就不要用它来对待后来的人或事。

③所恶于右，毋以交于左：厌恶右边人办的事，就不要像他那样和左边的人交往。

④絜矩之道：絜是量围长用的绳，矩是画方用的角尺，此指度量的原则、方法。比喻以自身的标准来规范、衡量事物。朱熹注："度之以矩而取之以方。"

【译文】

厌恶自己的上级对待自己所做的事，就不要用它来对待自己的下级；厌恶自己的下级对待自己所做的事，就不要用它来对待自己的上级；厌恶前面的人对待自己所做的事，就不要用它对待后来的人或事；厌恶后面的人对待自己所做的事，就不要用它对待前面的人或事；厌恶右边人所办的事，就不要像他那样和左边的人交往；厌恶左边人所办的事，就不要像他那样与右边的人交往。这就叫作以本身为标准来衡量和规范事物、推己及人的"絜矩之道"。

家 风 故 事

聪明捕头巧破无头案

徽州有个小户人家的女人，生得天姿国色。一日，丈夫喝过酒后回到家中，跟她商量一事，说是有位富商早已看上她，并愿意出重金娶她，而他已收受了银两，答应了此事。妇人痛哭不已，丈夫威胁强迫。

无奈，妇人只好同意。丈夫大喜，选择了一个晚上，准备了酒食招引富商前来。

那天准备完毕，妇人的丈夫故意藏起来，叫妇人招待。富商有事耽搁，来得稍迟了一些，走进房里大吃一惊：妇人已被杀死，她的头也没有了。富商恐怖至极，大叫起来，惊动了左邻右舍。妇人的丈夫也闻声赶来，见状一把揪住富商，拉他见官，说富商杀了他的妻子。

富商连喊冤屈，说："我看上他的老婆，这件事是有的，即使不从，还可以慢慢商量，怎么会因而杀她呢？"官府派捕头调查街邻，一个老人说："以前这儿有个巡夜的化缘和尚，在杀人后的第二夜以后就没听见他的声音，这很可疑。"

捕头立即派人调查和尚的踪影，果然在邻地捉到了他。捕头便设一计，让一个人穿着妇人的衣服，躲在林中。和尚经过此林，那人学着妇人的声音叫他："和尚，还我头来！"和尚吓得面如土色，以为鬼魂出现，忙答："头在你宅上第三户人家的铺架上。"

早已埋伏在林中的众人闻言一拥而上，将和尚捉住。和尚自知漏嘴上了当，只得老实交代：那夜他巡街化缘，见妇人家门半掩，不见里面有人，便溜进去偷东西，进入房内见一漂亮女子，心生歹念欲强奸她。不想女子反抗激烈，和尚一怒之下就杀了她。把她的头带出去，挂在第三户人家的铺架上。

捕头把第三户人家的主人抓来，那人说："有这么一回事。当时因害怕招惹是非，就把人头埋在园子里了。"捕头派人前往挖掘，果然挖出了妇人的头。于是，和尚被处死刑。

安吉州老吏妙制盗贼

某天，江西安吉州内一富裕人家办喜事，这时，有一小偷趁热闹之际，偷偷溜进了新房，钻进床底，想等到天黑时偷窃新娘的首饰财物。由于前来贺喜的人络绎不绝，新房里一连三天灯火通明，小偷下不得手。苦熬了三天三夜的盗贼，饥渴难忍，趁新房里只有新郎新娘时，爬出床底拔腿就跑。"抓小偷啊！"新郎见有人从床下出来，大叫一声追了出去，新娘则吓得浑身颤抖。

院内站着一些帮忙的人，擒住小偷，捆了个结实，直接送到了官府。县令即刻升堂审讯："盗贼是何许人也？"小偷镇静自编："大人，我是医生不是贼。"县令喝道："既是医生为何躲到人家新房内？"小偷对答如流："大人，那新娘患有特殊的妇科病，出嫁前求我跟随着她，以便随时医治。"

县令不管怎么审问，小偷都能有根有据地回答，而且对新娘家的事也说得头头是道。小偷见县令无可审问，心中暗想："幸亏在床底下憋了三天三夜，新婚夫妇的私房话全听见了，真是天助我也！"县令无奈，只得对原告说："被告到底是医生还是小偷，只有请新娘上堂作证了。"

新郎的父亲回家一说，新娘子死活不肯上堂作证，刚结婚就上堂打官司，太失脸面了！况且那贼竟然在床底下躲了三天三夜，想到自己的言行都让贼知道了，她更觉得无地自容。

县令听说新娘不肯上堂，就问身边的一位老吏怎么办。老吏早有一计，他说："新娘爱面子乃人之常情。依我之见，那小偷不一定认识新娘，若请另外一位年轻的女子出庭作证，就有好戏可看了。"

于是，按照老吏的吩咐，一位由妓女装扮成的新娘，款步来到了堂后。"现在新娘子来了，你敢和她对证吗？"县令问。小偷牙一咬说："敢！怎么不敢！"这时，老吏领着漂亮的"新娘"走上堂来。

小偷急步上前："新娘子，可是你叫我跟来治病的吧？为什么又让你婆家将我当作贼，送到衙门呢？现在，你要给我作证啊！"小偷忽然跪了下来。

"哈哈。"在场的人哄堂大笑，妓女装扮的新娘笑说："真正的新娘还在新房呢？不信你去看看？"小偷一时傻了眼，县令再一审问，他便老实地认了罪。

第一章　持诚修身，反躬自省

036

奢侈浪费应知耻

【原文】

凡富贵少不骄奢，以约①失之者鲜矣。汉世以来，侯王子弟以骄恣之故，大者灭身丧族，小者削夺邑地，可不诫哉？吾之后当共相勉励，笃睦为先。才有优劣，位有通塞，运有富贫，此自然之理，无以相凌侮。

——刘清之《戒子通录》

【注释】

①约：约束，检束。

【译文】

大凡富贵人家的子弟很少有不骄横奢侈的，能够约束自己的很少。汉朝以来，各诸侯王的后代由于骄傲放纵的缘故，重的杀身灭族，轻的削夺封地，难道不够引以为戒吗？我的后代应当一起互相勉励，以敦厚和睦为先。才能有优秀有低劣，地位有通达有阻塞，命运有富贵有贫贱，这是很自然的道理，不要以此互相欺凌侮辱。

【原文】

不以身尊而骄人，不以德厚而矜物①。茅茨②不剪，采椽③不斫，舟车不饰，衣服无文，土阶不崇，大羹不和。

——《帝范》

【注释】

①矜物：居功。

②茅茨：茅草盖的屋顶。

③采椽：柞栎做的椽子。

【译文】

不以身份尊贵而骄横，不以恩德广厚而居功。茅草盖的屋顶不做修剪，柞栎做的椽子不加雕饰，舟车没有装饰，衣服没有花纹，土筑的台阶不高，肉汁不加调料。

【原文】

奢者富而不足，何如俭者贫而有余；能者劳而俯怨，何如拙者逸而全真？

——《菜根谭》

【译文】

奢侈的人虽然富有，但心里总是不满足，还不如节俭的人虽贫穷，但心里充实；有能力的人虽然劳累，但结下了怨仇，还不如愚笨的人安逸，能保全真心。

【原文】

吾见近世以苛剥为才，以守法奉公为不才；以激讦①为能，能以寡辞慎重为不能。遂使后生辈当官治事，必尚苛暴，开口发言，必高诋訾②。市怨贾祸，莫大于此。用是得进者有之矣，能善终其身，庆及其后者，未之闻也。

复有喜怒爱恶，专任己意。爱之者变黑为白，又欲置之于青云；恶之者以是为非，又欲挤之于沟壑。遂使小人奔走结附，避毁就誉。或为朋援，或为鹰犬，苟得禄利，略无愧耻。吁，可骇哉！吾愿汝等不厕其间。

又见好奢侈者，服玩必华，饮食必珍，非有高赀厚禄，则

第一章　持诚修身，反躬自省

必巧为计划，规取货利，勉称其所欲，一旦以贪污获罪，取终身之耻，其可救哉！

——《诫子孙》

【注释】

①讦：攻击别人短处或揭发别人隐私。

②诋訾：毁谤非议。

【译文】

我发现近来人们以苛刻剥削为本事，以奉公守法为没本事；以揭人短处和隐私为能干，以寡言谨慎为无能。于是使一些青年人当官理事，一定推崇苛刻暴虐。开口说话，一定要高声诋毁别人；没有比这更激怒别人，招致祸患的了。虽然暂时还能升官发财，但是能够善始善终，福传后代的，从来还未听说过。

还有的人喜怒好恶，专凭自己的意念。对所喜爱的人把黑的弄成白的，还想把他捧在青云之上；对他所厌恶的人则拿对的说成是错的，还想把他排挤到沟壑之中去。于是使一些小人奔走结党，回避诋毁追求名誉。有的结为朋党，有的成为鹰犬，如果能得到利禄，一点羞耻之心都没有。吁，令人惊骇啊！我期望你们不要混到他们里面去。

又有一些喜欢奢侈的人，服饰玩好，一定要追求华丽；吃的喝的一定要讲求珍贵。没有富有的资财和丰厚的俸禄，就一定会想方设法取得货物和财力，竭力来满足自己的欲望。一旦因贪污犯罪，招致终身的耻辱，这还能有救吗？

【原文】

饮宴之乐多，不是个好人家；声华①之习胜，不是个好士子②；名位之念重，不是个好臣工③。

——《菜根谭》

①声华：好名声。

②士子：读书人，学子。

③臣工：群臣百官。

【译文】

经常饮酒聚会的家庭，不是一个好人家；爱好声色繁华、喜好虚名的人，不是一个正派的学子；对于名声和地位过于看重的人，不会成为一个好官吏。

【原文】

俭而悭吝①，不仁也。俭而贪求，不义也。俭于其亲，非礼也。俭其积遗子孙，不智也。

——南宋·倪思《经鉏堂杂志·子孙计》

【注释】

①悭吝：吝啬小气。悭，吝啬。

【译文】

生活俭朴但对人小气，这是不仁。生活俭朴但经常求助于人，这是不义。跟父母讲俭朴，这是违背礼的。生活俭朴只是为了给子孙积攒家产，这是不明智的。

【原文】

我家盛名清德，当务俭素，保守门风，不得事于泰侈，勿为厚葬，以金宝置枢中。

——元·脱脱《宋史·王旦传》

【译文】

我家向来有美好的名声和清高的德行，应当注意节俭朴素，保持这种门风，不可骄纵奢侈。我死以后，不可厚葬，不可把金银珠宝放在棺材里。

039

第一章　持诚修身，反躬自省

【原文】

魏国长公主尝衣贴绣铺翠襦^①入宫中，太祖曰："汝当以此为我，自今勿复为此饰。"主笑曰："此所用翠羽^②几何？"太祖曰："不然，主家服此，宫闱^③戚里^④皆相效，京城翠羽价高，小民逐利，伤生寝广，实汝之由。汝生长富贵，当念惜福，岂可造此恶业之端？"

——北宋·赵匡胤《戒公主》

【注释】

①襦：短袄，或短衣。

②翠羽：翠鸟的羽毛。

③宫闱：后妃的住处。闱，内室。

④戚里：外戚。

【译文】

魏国长公主曾经穿着绣花、用翠鸟羽毛做装饰的短袄进入宫中，宋太祖看见了，便对她说："你把这件衣服脱下来给我，从今以后不要再做这样的装饰了。"公主笑着说："这样一件衣服能用得了多少翠羽？"太祖说："不是这样简单。公主穿上这种衣服，后妃外戚都会效仿你，京城翠羽的价格就会因此而增高，百姓为了追逐利益，杀生害命的人就会多起来，这完全是由你引起的。你生长在富贵之家，应当珍惜自己的福分，怎么能开这种坏事的头呢？"

【原文】

居家之病有七：曰笑，曰游，曰饮食，曰土木，曰争讼，曰玩好，曰惰慢。有一于此，皆能破家。其次贫薄而务周旋，丰余而尚鄙啬，事虽不同，其终之害，或无以异，但在迟速之间耳。夫丰余而不用者，疑若无豁也。然己既丰余，则人望以周济。今乃恝①然，必失人之情。既失人情，则人不佑。人惟恐其无隙，苟有隙可乘，则争媒蘖②之。虽其子孙，亦怀不满之意。一旦入手，若决隄③破防矣。

——陆九韶《居家正本制用篇》

【注释】

①恝：无愁的样子。

②媒蘖：本意是酝酿，比喻构害诬陷，酿成其罪。媒，酒母。蘖，酒曲。

③隄：通"堤"。

【译文】

居家有七种弊病：就是笑骂戏谑、不务正业、大吃大喝、大兴土木、与人争讼、讲究玩乐、懒惰散漫。有了其中一个恶习，就足以败家。其次就是家庭贫穷、底子薄，却爱好应酬，或家庭丰余而一味吝啬，这两种情况不同，但其有害的结果是一样的，只是时间的快慢不同罢了。家庭丰余却一味吝啬，好像没有害处。但你既然有了余财，那么别人就指望你予以周济。你却无所谓的样子，一定会得罪人。既然得罪了别人，那么别人就不会帮助你。甚至只担心没有空子可钻，一旦有了可钻的空子，那么就会有人争着构害诬陷你。就算是他的子孙，也可能会心怀不满，一旦他有了动手的机会，就会像冲破了堤坝一样无法挽回了。

【原文】

人家用度，皆可预计。惟横用①不可预计。若婚嫁之事，是闲暇时，子弟自能主张。若乃丧葬，仓卒之际，往往为浮言所动，多至妄用，以此为孝。世俗之见，切不可徇②，则当随家丰俭也。

——南宋·倪思《经锄堂杂志》

第一章 持诚修身，反躬自省

【注释】

①横用：意外的开支。

②徇：顺从，曲从。

【译文】

家庭的日常开支，都可以预计。只有意外事件的开支不可预计。像婚嫁之事，是闲暇的时候，子弟自己能够从容安排的。而丧葬之事，往往在仓促之际突然发生，又往往为世俗浮言所影响，多半要大幅度开支，以此作为孝的标准。世俗的意见，千万不可曲从，应当根据家庭经济情况来计划开支。

【原文】

由俭入奢易，由奢入俭难。饮食衣服，若思得之艰难，不敢轻易费用。酒肉一餐，可办粗饭几日；纱绢一匹，可办粗衣几件。不饥不寒足矣，何必图好吃好看？常将有日思无日，莫待无时思有时，则子子孙孙常享温饱矣。

——明·周怡《谕儿辈》

【译文】

由俭朴变为奢侈非常容易，而由奢侈变为俭朴就非常困难。饮食衣服，如果经常想想它们得来不易，就不敢轻易浪费。一顿丰盛的酒肉之餐，可以办几天的粗茶淡饭；一匹纱绢，也可以置办好几件粗布衣服。只要不饿肚子不受冻就足够了，何必贪图好吃好穿？常将有日思无日，莫待无时思有时，这样子子孙孙就能永享温饱了。

【原文】

一粥一饭，当思来处不易；半丝半缕，恒念物力维艰①。宜未雨而绸缪②，勿临渴而掘井。自奉必须俭约，宴客切勿流连。器具质而洁③，瓦缶胜金玉；饮食约而精，园蔬愈珍馐④。勿营华屋，勿谋良田。三姑六婆⑤，实淫盗之媒；婢美妾娇，非闺房之福。童仆勿用俊美，妻妾切忌艳状。

——清·朱柏庐《治家格言》

【注释】

①物力维艰：物产资财来之不易。

②宜未雨而绸缪：趁着天还未下雨，应先修缮屋舍门窗，比喻凡事要预先做准备。

③质而洁：器具质朴实用而又洁净。

④珍馐：珍奇精美的食品。

⑤三姑六婆：三姑，指尼姑、道姑、卦姑；六婆，指牙婆、媒婆、师婆、虔婆、药婆、稳婆。这里泛指社会上不正派的女人。

【译文】

一粥一饭，应该想着来之不易；半丝半缕，要经常想到是通过艰苦劳动而得来的。平时应该未雨绸缪，勿到口渴时才掘井。生活必须节俭，宴客千万不要流连。器具只要质朴实用洁净，就算是瓦缶也胜过金银玉器；饮食要少而精，这样，菜园的新鲜蔬菜就胜过山珍海味；勿要建造华丽的住房，勿要谋取别人的良田。三姑六婆，实际上是淫盗之媒；婢美妾娇，并非闺房之福。童仆不要用那些长得俊美的，妻妾最忌浓妆艳抹。

【原文】

士大夫教诫子弟，是第一紧要事。子弟不成人，富贵适以益其恶①。子弟能自立，贫贱益以固其节②。从古贤人君子，多非生而富贵之人，但能安贫守分，便是贤人君子一流人。不安贫守分，毕世经营，舍易而图难，究竟富贵不可使求得，徒以自丧其生平耳。余谓蒙童时，便宜淡世俗浓华之念，子弟中得一贤人，胜得数贵人也。非贤父兄，乌能享佳子弟之乐乎？

——清·孙奇逢《孙夏峰全集·孝友堂家规》

【注释】

①益其恶：增长他的恶习。

②益以固其节：更加坚定了他的节操。

【译文】

士大夫训诫子弟，是第一要紧的事。子弟不成器，富贵反而增长他的恶习。子弟能够自立，贫贱更加坚定了他的节操。历代的贤人君子，大都不是出生在富贵之家。只要能够安贫乐道，便是与贤人君子一样的人。不安贫乐道，一生经营，舍易求难，最后富贵不仅得不到，反而白白浪费了生命。我认为子弟在幼年之时就应该严格教育，使他们能淡泊明志。子弟中出一贤人，胜过出多个富贵之人。不是贤明的父兄，又怎能感受到有好子弟的快乐呢？

【原文】

勤与俭，治生之道也。不勤，则寡入，不俭则妄①费。寡入而妄费，则财匮②。财匮，则苟取③。愚者为寡廉鲜耻④之事，黠者⑤入行险侥幸之途。生平行止，于此而丧。祖宗家声于此而堕。生理⑥绝矣。又况一家之中，有妻有子，不能以勤俭表率，而使相趋于贪惰，则自绝其生理，而又绝妻子之生理矣。

——清·朱柏庐《劝言·勤俭》

【注释】

①妄：随意。

②匮：缺乏。

③苟取：通过不正当的手段获得利益。苟，随便。

④寡廉鲜耻：不讲廉洁羞耻。寡，鲜，少。

⑤黠者：聪明而狡猾的人。

⑥生理：谋生之道。

【译文】

勤劳与俭朴，这是经营家业的要诀。不勤俭，就会减少收入，就会随意浪费。收入少而浪费大，就会缺乏财富。财富匮乏，就会想着用不正当的手段获得它。愚蠢的人会做出不知廉耻的事情来，狡猾的人，则会想着通过冒险的方式去侥幸取得。一个人一生的德行，就会由此丧失。祖宗家风也会由此败落，家庭的生计也会由此陷入窘迫。况且，家庭之中有妻有子，家长不能给他们做出表率，特别是在勤俭方面，反而使他们趋向于贪图享受和好吃懒做，这样，不仅断送了自己，而且也断送了妻儿。

【原文】

勿营①华屋，勿谋②良田。

——《朱子家训》

【注释】

①营：建造。

②谋：谋取。

【译文】

不要建造华丽的房屋，不要千方百计去谋取肥沃的田地。

【原文】

吾家世清廉，故常居贫素，至于产业之事，所未尝言，非直①不经营而已。薄躬遭逢②，遂至今日，尊官厚禄，可谓备之。每念叨窃③若斯，岂由才致？仰藉④先代风范⑤及以福庆，故臻⑥此耳。古人所谓："以清白遗子孙，不亦厚乎？"又云："遗子黄金满籝⑦，不如一经。"详求此言，信非徒语。吾虽不敏，实有本志，庶得遵奉斯义，不敢坠失。

——徐勉《为书诫子崧》

第一章 持诚修身，反躬自省

【注释】

①直：只。

②薄躬遭逢：自身卑微的际遇。薄，卑微。躬，自身。

③窃：窃取，得到。

④仰藉：依靠。

⑤风范：教化榜样。

⑥臻：至，达到。

⑦簏：箱。

【译文】

我家世代都很清廉，因此常常过着清贫朴素的生活。至于产业的事情，不但从来没有营求过，也从未谈起过。自身卑微的辛苦际遇，一直到了今天，尊贵的官职与丰厚的俸禄，可以说是都有了，每每想到这些，哪里是由于自己的才能呢？那是依靠先代的风范榜样和福运的降临，才有今天的。古人所说："将清白遗留给子孙，不也是很丰厚的礼物吗？"又说："留给子孙满箱黄金，不如教会子孙一本经书。"认真咀嚼这些话，确实不是虚妄之词。虽然我不聪慧，但确实有这样的志向，只有遵照这些教诲从事，从不敢有所失误。

【原文】

有德者皆由俭来也，俭财寡欲，君子寡欲则不役于物，可以直道而行；小人寡欲而能谨身节用，远罪丰家。故曰：俭，德之共。侈则多欲，君子多欲则贪慕富贵，枉道速祸；小人多欲则多求妄用，败家丧身，是以居官必贿，居乡必盗。故曰：侈，恶之大也。

——《训俭示康》

【译文】

有德行的人都是从俭朴中培养出来的。俭朴，欲望就会减少，君子少欲就不会被外物所役使，就能够正道直行；小人少欲就能使自身谨慎，节省费用，远离罪祸，使家庭富裕。因此说：俭和德同时并存。奢侈就会有过多的欲望，君子多欲就会贪图富贵，不走正道，招致祸患；小人多欲就会挥霍浪费，使家庭败坏，使自身丧命，所以这样做官必然贪赃受贿，在乡间必然盗窃他人财物。因此说：奢侈是最大的罪恶。

【原文】

字谕纪鸿儿：

凡世家子弟衣食起居，无一不与寒士相同，庶可以成大器；若沾染富贵气习，则难望有成。吾忝为将相，而所有衣服不值三百金，愿尔等常守此俭朴之风，亦惜福之道也。其照例应用之钱，不宜过啬（谢廪保二十千，赏号亦略丰）。谒圣后，拜客数家，即行归里。今年不必乡试，一则尔工夫尚早，二则恐体弱难耐劳也。

——《曾国藩家书》

【译文】

字谕纪鸿儿：

凡是世家子弟，衣食起居，没有一样不与寒士相同，才可以成大器；如果沾染了富贵习气，就难以希望有成就了。我惭愧地当上将相，但所有衣服总价值不到三百金。希望你们要常守这种俭朴的家风，这也是珍惜幸福的办法。按惯例应该使用的钱，不要过于吝啬（谢禀保送二十千，赏号钱也应稍多些）。拜谒老师之后，再拜访几家客人，就马上回乡里去。今年不必参加乡试，一是因为你时间还早，二是怕你体弱难耐疲劳。

第一章｜持诚修身，反躬自省

义

反躬自省扬正气

048

【原文】

夫俗奢者，示之以俭，俭则节之以礼①。历见前代送终过制，失之甚矣。若尔曹敬听②吾言，殓以时服，葬以土藏，穿毕便葬，送以瓦器③，慎勿有增益。

——《临终诚言》

【注释】

①礼：泛指封建社会贵族等级制的社会规范和道德规范。

②敬听：恭敬地听取。

③瓦器：一种用陶土烧成的日用器物，因其造价低廉，在当时为普通百姓所使用。

【译文】

那些习惯于讲究奢侈浪费的人，要用节俭来劝诫他们，奉守节俭的人就要用礼节来定这个分寸。总是看到前代的人们，丧葬送终太过奢侈超过制度，这实在是太不应该了。希望你们恭敬地遵从我的遗言，我死后，在入殓时穿上平常的衣服，安葬时埋在土里，穿戴完毕就立即下葬，只需用一些瓦器为我陪葬就行了，千万不能有所增加。

家风故事

曹操不喜奢华

东汉末年是英雄迭出的时代，曹操是东汉末年英雄中的英雄。虽然人们对他有"治世能臣"与"乱世奸雄"这样两种截然不同的矛盾评价，但谁都不能否认他是中国历史上少有的政治家、军事家和文学家。

《三国志》里面写到曹操，曾有这么一段话："雅性节俭，不好华丽，后宫衣不锦绣，侍御履不二采，帏帐屏风，坏则补纳，茵蓐取温，无有缘饰。攻城拔邑，得靡丽之物，则悉以赐有功，勋劳宜赏，不吝千金，无功望施，分毫不与。四方献御，与群下共之。"这段话可以作为对曹操之节俭所做的综合性评价。

如果说节俭是曹操性格特点的外在表现，抑制贪欲则是其内心基础。建安十五年十二月，曹操在令中公开宣示了自己的经历和政治抱负，称自己"欲为国家讨贼立功，欲望封侯作征西将军，然后题墓道言'汉故征西将军曹侯之墓'，此其志也"。同时宣布退回皇帝所封的阳夏、柘、苦三县两万户的封地，只留武平一万户。

建安十八年五月，汉献帝派御史大夫郗虑策命曹操为魏公，曹操上疏答谢时说了至今很有名的四句话："列在大臣，命制王室，身非己有，岂敢自私。"直到建安二十四年冬东吴孙权上疏称臣，劝曹操当皇帝，曹操还骂他："是儿欲踞吾著炉碳上耶！"

曹操不仅自己不好华丽，也使子女、后宫都做到了节俭朴素。"公女适人，皆以皂帐，从婢不过十人。"曹操夫人卞氏常说，"居处当务节俭，不当望赏赐，念自佚也""吾事武帝四五十年，行俭日久，不能自变为奢"。

曹操的节俭，还可用他对待后事的态度来说明。他认为世俗丧葬之俗"繁而无益"，所以在生前便根据四季的不同各做了四季送终的衣服，盛放在四个箱子里，并在箱子上分别写了"春""夏""秋""冬"四字以示区别，并遗言"有不违，随时以敛。金珥珠玉铜铁之物，一不得送"。在建安二十五年临终前留下的遗令中，他谆谆告诫他的臣子，天下还没有安定，不能遵照古代丧葬的制度。他死后，穿的礼服要像活着时穿的一样。文武百官应当来殿中哭吊的，只要哭上十五声即可，安葬以后，便都脱掉孝服；那些驻守各地的将士，都不要离开驻地；官吏们要各守其职。从这些都可以看出，曹操真的做到了一生节俭。

第一章　持诚修身，反躬自省

唐太宗发扬节俭之风

唐太宗李世民是唐朝第二位皇帝，他名字的意思是济世安民。唐太宗开创了历史上的"贞观之治"，经过主动消灭各地割据势力，虚心纳谏、在国内厉行节约、使百姓休养生息，终于使得社会出现了国泰民安的局面，为后来全盛的"开元盛世"奠定了重要的基础，将中国传统农业社会推向鼎盛时期。

在提倡节俭方面，唐太宗为群臣做出了表率。他最初住的宫殿是隋朝时修建的，都很破旧。唐太宗经常对身边的大臣说："当初隋炀帝掌权时，皇宫里面珠宝遍地，美女如云。可是隋炀帝还不满足，还要搜寻天下的奇珍异宝，弄得百姓不得安宁，最后才导致国家的灭亡。这些不能在我们唐朝君臣身上重演，我们一定要时时注意节俭，知道满足。否则，百姓苦到无法生活的那一天，就会反对我们的。"

唐太宗是这样想的、说的，也是尽力去这样做的。有一次，唐太宗要到蒲州去视察。蒲州刺史赵元楷认为这是讨好皇帝的好机会，于是在唐太宗没有到蒲州之前大规模地翻造房屋，建宫修殿，并且大量收集奇珍异宝，作为室内的陈设，想用这种办法来讨唐太宗的欢心。谁知，唐太宗到达蒲州后，见宫殿修得过于奢华，殿中珍玩过于讲究，非但没有领情，反而十分生气。他当即把赵元楷叫到自己跟前，指着宫中一件件奇珍异宝说："你这么奢侈浪费，是不是忘了隋朝是怎么灭亡的？"就这样，一心想溜须拍马、讨好君主的赵元楷，在唐太宗面前讨了个没趣，碰了一鼻子灰。

唐太宗还重视对子孙后代进行艰苦奋斗的俭朴教育。贞观七年，唐太宗对魏徵说，自古以来各个朝代的王侯，能保全自己和江山的很少，都是由于贪图奢华，骄奢淫逸，不知道亲贤人远小人产生的后果。他希望自己的子孙后代，都要记住历史的教训，并作为日常行为规范。他命令魏徵把历史上帝王子弟善恶成败的事例编辑成书，送给各位王子学习，要求他们把这本书中的经验教训作为立身之本。

　　勤俭节约自古以来就是中华民族的优良传统和作风。历史上有许多仁人志士都以艰苦奋斗、勤俭节约为立身之根基、持家之要诀、治国之法宝。中国历史上的太平盛世——贞观之治的出现，其重要因素之一，就是唐太宗李世民倡导的艰苦奋斗、勤俭治国的清明政风的结果。

物极必反是自然

【原文】

物①极②则反③，数④穷⑤则变。

——宋·欧阳修《本论下》

【注释】

①物：名词，指事物。

②极：发展到极限。

③反：通"返"，向相反方向转化。

④数：时运，运数。

⑤穷：尽，完。

【译文】

事物发展到极度就会向相反的方向转化，时运穷尽时就会向好的方面变化。

【原文】

太^①刚则折^②，太柔则废^③。

——《汉书·隽不疑传》

【注释】

①太：副词，表示程度过头。

②折：断，挫折。

③废：破灭，不成。

【译文】

太过刚强就会受到挫折，太过柔弱就会破灭。

【原文】

酒极^①则乱，乐极则悲^②。

——汉·司马迁《史记·滑稽列传》

【注释】

①极：达到最高程度，过量。

②乐极生悲：高兴得过了头，转而招致悲伤。

【译文】

喝酒过量到了极限，就会乱性闹出事端；高兴过度反而会招致悲哀。

【原文】

乐不可极，极乐成哀^①；欲^②不可纵^③，纵欲^④成灾^⑤。

——唐·吴兢《贞观政要·刑法》

【注释】

①哀：悲痛，伤心。

②欲：欲望，欲念。

③纵：不加约束。

④纵欲：没有节制地放纵欲望。

⑤灾：灾祸，祸害。

【译文】

遇到高兴的事不能过头，高兴过头可能会给你带来悲哀；欲望不能过于放纵，放纵欲望而不节制可能会造成灾难。

【原文】

乐极生悲，否极泰来①。

——明·施耐庵《水浒传》

【注释】

①否极泰来："否""泰"是《周易》中的两个卦名。"否"指天、地气不和，主不吉利；"泰"指天、地气相和，主顺通。否卦衔接在泰卦之末，因此叫作否极泰来。

【译文】

现指坏事或坏命运达到极限，好的就到来了。

【原文】

象以①齿②焚身③，蚌④以珠剖体。

——汉·王符《潜夫论·遏利》

【注释】

①以：因为，由于。

②齿：牙齿，这里指象牙。

③焚身：毁身，丧生。

④蚌：软体动物，有两片可以开闭的椭圆形黑绿色介壳，壳表面有环状纹，有的种类介壳内产珍珠。

【译文】

大象因象牙毁身，大蚌因珍珠丧生。

持诚修身，反躬自省

第一章

【原文】

世①无常②贵，事③无常师。

——《鬼谷子·忤合》

【注释】

①世：世道，社会。

②常：形容词，经久不变的。

③事：职业，工作。

【译文】

社会上没有经久不变的贵族，工作中没有经久不变的老师。

【原文】

衰①为盛之终②，盛③为衰之始④。

——南朝·齐·张融《白日歌序》

【注释】

①衰：破败，衰落。

②终：结局，跟"始"相对。

③盛：兴旺，繁荣。

④始：事物发生的最初阶段，跟"终"相对。

【译文】

衰落破败是兴盛繁荣的结局，兴盛繁荣是衰落破败的最初阶段。

【原文】

物①塞②而通③，必艰④其初⑤。

——宋·欧阳修《虞部员外郎尹公墓志铭》

【注释】

①物：事物。

②塞：堵住，闭塞。

③通：通达。

④艰：形容词，困难，艰难。

⑤初：开始，起头。

【译文】

事物堵住了之后才能通达，万事开始的时候都是艰难的。

【原文】

物无不变①，变无不通②。

——宋·欧阳修《明用》

【注释】

①变：性质、状态或情况跟原来有了不同。

②通：没有阻碍，通畅。

【译文】

万事万物都在不断变化之中，只要有变化就会越来越通畅。

【原文】

功高成怨府①，权盛是危机②。

——宋·王迈《读渡江诸将传》

【注释】

①怨府：比喻怨恨集中之处。

②危机：潜伏的危险或祸害。

【译文】

功高盖主，主子很难容得下这样的下属，权力过大，就会威胁到主子的地位，主子也不会允许这样的事长期发生。

【原文】

蓄①极则泄②，闷③极则达④，热极则风，壅⑤极则通。

——明·刘基《司马季主论卜》

第一章｜持诚修身，反躬自省

【注释】

①蓄：动词，积聚。

②泄：排出，溢漏。

③闷：封闭的，不通气。

④达：通畅。

⑤雍：堵塞。

【译文】

水蓄满了，便会漫溢出来；烦闷到了极点，便会达观起来；炎热到了极度，便会吹起风来；完全堵塞了，又会通畅起来。

【原文】

贪①则多失，忿②则多难，急则多蹶③。

——明·冯梦龙《东周列国志》

【注释】

①贪：一心追求，贪心。

②忿：恼怒。

③蹶：跌倒，比喻失败或挫折。

【译文】

贪心往往失去更多，恼怒的人往往灾难更多，急于求成的人往往更容易跌倒。

【原文】

受恩深处宜先退，得意浓时便可休。莫待是非来入耳，从前恩爱反成仇。

——《增广贤文》

【译文】

受到恩惠太多，最好自己主动退让，事业上正得意时就该适可而止。不要等到矛盾是非都传到你耳朵里，那时往日的恩爱反而会变成仇恨。

【原文】

天道之数，至则反，盛则衰。炎炎之火，灭期近矣。

——《处世悬镜》

【译文】

世间万物发展自有规律，到达极致就会走向反面，鼎盛之时就会走向衰败。燃烧中的熊熊烈火，离快要熄灭的时候已经不远了。

家风故事

愚人吃盐

从前，有一个头脑不太灵活的人，大家都叫他愚人。有一次，愚人去做客，主人精心烹制了一桌子美味佳肴款待他。只见他吃了几口菜，就皱着眉头说：

"您做的菜看上去很好看，就是没有什么滋味。"主人尝了一口，觉得味道可口，自言自语："难道他嫌菜肴的味道太淡了？"于是主人吩咐下人在每一道菜里都加了一些盐。等菜再端上来时，愚人大呼好吃，忙问主人：

"您刚刚在菜里放了什么东西，怎么一下子变得这么好吃？"主人告诉他，没放什么特别的东西，只是放了一些盐而已。愚人一副恍然大悟的样子，一边尽情享受着美味，一边暗暗念道：

"都说盐是百味之祖，看来果然名不虚传。食物之鲜美，完全都是盐的作用啊，加那么一点，便这般美味，多加一些岂不是更加好吃！"于是，愚人回到家以后，就什么东西也不吃，一天到晚总是空着肚子拼命地吃盐。这样一来，他不仅没能吃出食物鲜美的味道，反而丧失了味觉，酸甜苦辣也尝不出来了。

盐本调味品，过度食用，反受其害。天下之事莫不如此，恰到好处时美妙无比，一旦过头就物极必反，哪怕是好事也会给弄得很糟。

事不三思终有悔

【原文】

事不三思①，终有后悔②。

——明·冯梦龙《古今小说·陈御史巧勘金钗钿》

【注释】

①三思：再三考虑。三，泛指多次。

②后悔：事情过后感到懊悔。

【译文】

凡事如果不三思而后行，终会有后悔的时候。

【原文】

慎重①则必成，轻发②则多败。

——宋·苏轼《拟进士对御试策》

【注释】

①慎重：谨慎认真，不轻率从事。

②轻发：不慎重，轻举妄动。

【译文】

谨慎认真，必定会成功，轻举妄动往往会导致失败。

【原文】

得意浓①时休②进步，须防世事③多番覆④。

——明·冯梦龙《古今小说·闹阴司司马貌断狱》

【注释】

①浓：形容词，程度深。

②休：副词，表示禁止或劝阻，相当于"别""不要"。

③世事：名词，人世间的事。

④番覆：轮换，更替无常。

【译文】

当最得意的时候不要继续前行，要提防人世间的事常常会更替轮换。

【原文】

不矜细行，终毁大德。

——《处世悬镜》

【译文】

忽略生活小节的人，最终会损坏自己的品行。

【原文】

舍近谋远①者，劳而无功；舍远谋近者，逸②而有终。

——《后汉书·臧宫传》

【注释】

①舍近谋远：舍弃近的而寻求远的，指做事迂回或不切实际。舍，舍弃。

第一章 持诚修身，反躬自省

②逸：形容词，闲适，安乐。

【译文】

舍弃近的而去图谋远的，兴师动众但不会成功；舍弃远的而谋求近的，不用费大力而且有好的结果。

家 风 故 事

王霸取胜重在把握全局

公元 29 年，汉将马武被割据一方的苏茂、周建军队打败，溃逃至王霸的营垒附近，派人前往求救。

王霸说："眼下叛军士气旺盛，我军如果出兵，也一定被打败，不过是白费力气罢了！"于是关闭营门，严密把守。军官们全争着请战。王霸说："苏茂的军队都是精兵，人数又多，我们的将士内心恐惧。而马武把我军当作依靠，两支军队行动又不能统一，这样必然失败。现在我们闭营坚守，表示不会援助马武，那样敌人定会乘胜轻举追击。而马武无人相救，交战时自然加倍抵抗。这样，苏茂的军队必然疲劳，我们趁他们筋疲力尽时再进攻，才可以打败他。"

苏茂、周建果然出动所有的军队进攻马武，交战了很长时间。王霸军中有数十名壮士割断头发，请求上阵。于是王霸打开营垒后门，派出精锐骑兵从背后袭击苏茂、周建。苏、周前后受敌，部众在慌乱中败阵逃走。王霸、马武各自带兵回营。苏茂、周建又聚集起军队挑战。

王霸坚守不出，犒劳部下，唱歌取乐。苏茂一箭射中王霸面前的酒杯，王霸安然坐着，纹丝不动。军士们都说："我们前两天已经打败了苏茂，现在更容易打败他！"

王霸说道："不能这样看，苏茂的军队远道而来，粮食不足，希望速战速决，所以几次挑战，想取得一时的胜利。现在我们关闭营门，休整军队，正所谓'不用打就使敌人屈服'！"

　　苏茂、周建不能和王霸交战，就只好率军回营。当天夜里，周建的侄子周通叛变，关闭城门，不让他们进城。周建死于逃跑的途中，苏茂逃到下邳，与董宪的军队会合。

第一章　持诚修身，反躬自省

第二章

明诚修心，以正视听

　　修养身心对于我们每个人来说都非常重要。要想修正自身，就要先端正自心。而人的内心往往容易被外在的事物所迷惑，使人不能够真正地看到事物的本来面目，从而使内心受到蒙蔽。人的内心也容易被邪念所侵蚀，使人不能认清正确的方向，从而使言行受到阻碍。本章通过对先贤们诚言的品读，在循循劝诱下，以正视听。

贪欲乃罪恶之源

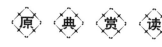

【原文】

作人无甚高远的事业，摆脱得俗情①便入名流；为学无甚增益②的工夫，减除得物累③，便臻圣境④。

——《菜根谭》

【注释】

①俗情：世俗之人追逐利欲的意念。

②增益：增加，积累。

③物累：心遭受到外物等欲望的干扰。

④臻圣境：达到至高无上的境界。臻，达到。

【译文】

做人不一定非要成就一番大事业，只要能摆脱对世俗功名利禄的欲望，便可以跻身于名流；要想求到很高深的学问，也没有什么特别的秘诀，只要能排除外界的诱惑，保持恬淡寡欲的心智，便能够达到至高无上的境界了。

【原文】

为人何必争高下①，一旦无命万事休②。山高不算高，人心比天高，白水变酒卖，还嫌猪无糟。

——《增广贤文》

【译文】

做人何苦非要争个高低上下，一旦丢掉性命就什么都没有了。山再高也不能算高，因为人心比天还高，将白水当成酒卖给别人，还埋怨自家猪没有酒糟吃。

【原文】

烈士①让千乘②，贪夫争一文，人品星渊③也，而好名不殊好利；天子营家国，乞人号饔飧④，位分霄壤⑤也，而焦⑥思何异焦声？

——《菜根谭》

【注释】

①烈士：重视道义节操的人。

②千乘：古代的一车四马称为一乘。

③星渊：星星高挂在天空。渊，深潭，形容差别极大。

④饔飧：泛指食物。饔，早餐。飧，晚餐。

⑤霄壤：比喻相差极远。霄，天。壤，地。

⑥焦：苦。

【译文】

一个忠义的人，能把千乘兵车的大国拱手让人；一个贪得无厌的人，连一文钱也要争抢。人的品德真是有天壤之别，而喜欢沽名钓誉和贪得无厌的人在本质上并没什么不同。当皇帝治理的是国家，当乞丐为的是讨一日三餐，身份地位确实天壤之别，但是当皇帝的焦思苦虑和当乞丐的哀声乞讨，其痛苦情形又有什么不同呢？

第二章　明诚修心，以正视听

【原文】

性天①澄澈，即饥餐渴饮，无非康济②身心；心地沉迷，纵谈禅演偈③，总是播弄④精魂。

——《菜根谭》

【注释】

①性天：天性，本性。

②康济：本指安民济众，此处做调剂身心讲。《书经·蔡仲之命》："康济小民。"

③谈禅演偈：谈论禅理，推敲佛偈。偈，佛家所唱词句。

④播弄：颠倒翻弄。

【译文】

一个本性纯真的人饿了就吃，渴了就喝，无非是为了调剂身心；一个心地沉迷物欲的人，即使整天讨论佛经，谈论禅理，也不过是在白白耗费自己的精力而已。

【原文】

纵①欲②者，众恶之本③；寡④欲者，众善之基。

——《处世悬镜》

【注释】

①纵：放纵。

②欲：欲望。

③本：本源。

④寡：淡泊名利。

【译文】

放纵欲望者，就是一切罪恶的本源；淡泊名利者，是一切善端的根基。

【原文】

人生衣趣①以覆寒露，食趣以塞②饥乏耳。形骸③之内，尚不得奢靡，己身之外，而欲穷骄泰④耶？周穆王⑤、秦始皇⑥、汉武帝⑦，富有四海，贵为天子，不知纪极⑧，犹自败累⑨，况士庶⑩乎？

——《颜氏家训》

【注释】

①趣：仅仅满足。

②塞：填饱。

③形骸：指人的身体。

④骄泰：傲慢奢侈。

⑤周穆王：周朝天子，放纵欲望，周游天下，后世人作《穆天子传》，记述他与神仙的交游。

⑥秦始皇：以骄奢著称，建长城，修骊山墓，造阿房宫，求仙漫游，最后死在车上。

⑦汉武帝：西汉皇帝，在位期间国力强盛，但他骄奢淫逸，穷兵黩武，致使府库空竭。

⑧纪极：终极，限度。

⑨败累：毁坏。

⑩士庶：士民和庶人。

【译文】

人生穿衣只不过为了御寒遮露，吃饭只不过为了填饱肚子，抵挡饥饿。人的身体之内，尚且无所谓奢靡，身体之外，又怎么能傲慢奢侈呢？周穆王、秦始皇、汉武帝，拥有四海之财，贵为天子，但骄奢淫逸，不知限度，还自我毁败，何况一般的人呢？

【原文】

吾闻：知足不辱，知止不殆①，功遂身退，天之道也。今仕

第二章 明诚修心，以正视听

官至二千石，宦成名立，如此不去，惧②有后悔，岂如父子相随出关，以寿命终，不亦善乎？

——《戒子通录》

【注释】

①殆：危，危险。

②惧：胆小，没勇气。这里指"恐怕"的意思。

【译文】

我听说：懂得知足、不贪心就不会受到羞辱，知道适可而止就不会遭受危险，做人在功成名就之时及时隐退，这是天意常规。现在我们的官俸已经达到二千石，官居高位，名声树立，到这时还不想离去，恐怕将来会后悔，倒不如咱们父子二人一起隐退荣归故里，颐养天年终老此生，这样不也是很美好的事情吗？

【原文】

人心叵测①，私欲惑②尔，去私则仁生。

——《处世悬镜》

【注释】

①叵测：难测。

②惑：迷惑。

【译文】

人心难测，因为个人的欲望常会迷惑自己，如果能抛弃那些私欲，则人人都有一颗仁义爱人之心了。

【原文】

尔为吏，以官物①遗我，非惟不能益吾，乃以增吾忧矣。

——《陶侃母湛氏传》

①官物：公家的东西。

【译文】

你身为官吏，却利用官职之便，拿公家的东西给我，不但不能对我有好处，还给我增添了忧愁。

【原文】

富贵盈溢①，未有能终者。吾非不喜荣势也，天道恶满而好谦，前世贵戚皆明戒②也。保身全己，岂不乐哉!

——《册府元龟》

【注释】

①盈溢：充溢，洋溢。

②明戒：明白告诫，明训。

【译文】

凡大富大贵财禄盈满的人家，没有几个能够善终的。我不是不喜欢荣华权势，但天理憎恶骄满，而喜欢谦恭，前代的那些贵戚的下场都是明显的、警戒的例子。如果我可以保全身家性命，难道不是一件乐事吗?

【原文】

爽口①之味，皆烂肠腐骨②之药，五分便无殃③；快心之事，悉损身败德之媒，五分便无悔。

——《菜根谭》

【注释】

①爽口：美味，可口。

②烂肠腐骨：美味吃得过多会损伤肠胃。

③无殃：没有损害。

【译文】

美味佳肴吃多了，就会损伤肠胃，只要控制自己，吃半饱就不会损伤身体；愉悦身心的事情，大多是损害人德行的媒介，所以愉悦身心的事情不可以做过多，适量即可，这样就不会使人将来后悔。

【原文】

涉险畏之途，干祸难之事，贪欲以伤生，谗慝①而致死，此君子之所惜者。

——《颜氏家训》

【注释】

①谗慝：恶言恶意。

【译文】

走危险艰难之路，干招致灾祸之事，因贪欲而伤及生命，受人谗害而致死，这是君子所深感惋惜的啊！

【原文】

留得五湖明月在，不愁无处下金钩。休别有鱼处，莫恋浅滩头。

——《增广贤文》

【译文】

只要能留得住五湖上的明月，就不愁没有地方隐居垂钓。不要轻易离开有鱼可钓的地方，不能贪恋水浅安全的滩头。

【原文】

高飞之鸟，死于美食；深潭之鱼，亡于芳饵。

——《处世悬镜》

【译文】

在高空飞翔的鸟儿，会死在贪吃地上的美食上面；深水积潭里的鱼，会死在贪食钓饵上美味的饵食上。

【原文】

欲路①上事，毋乐其便而姑为染指②，一染指便深入万仞③；理路④上事，毋惮⑤其难而稍为退步，一退步便远隔千山。

——《菜根谭》

【注释】

①欲路：泛指各种欲望。

②染指：比喻获取不属于自己的非分利益。

③仞：古代计量单位，八尺为一仞。

④理路：泛指各种真理、道理。

⑤惮：害怕，恐惧。

【译文】

关于欲望方面的事情，不要贪图它方便就随便参与，一参与进去就会掉进万丈深渊；关于真理方面的事情，不要因为害怕困难就止步不前，一退步就会和真理远远分隔开了。

【原文】

丈夫为吏，正坐①残贼免，追思其功效，则复进用矣。一坐软弱不胜任免，终身废弃无有赦②时，其羞辱甚于贪污坐赃。慎毋然。

——《临死诫诸子》

【注释】

①坐：特指治罪的原因。即"因……治罪"。

②赦：免罪，减罪。

第二章 明诚修心，以正视听

【译文】

大丈夫身为官吏，纵使因为"残贼"罪而被罢免，当朝廷追想起他过去的功绩时，就会重新得到任用。而另有一些人因为软弱不能胜任职责而被免官，以致终身废弃不会再被赦免复官的时候，那羞愧和耻辱比贪污纳赃的罪过更为严重。希望你们谨记不要这样。

【原文】

一点不忍①的念头，是生民生物之根芽；一段不为②的气节，是撑天撑地之柱石。故君子于一虫一蚁，不忍伤残，一缕一丝，勿容贪冒③，便可为民物立命，为天地立心矣。

——《菜根谭》

【注释】

①不忍：不忍心。

②不为：不做。

③贪冒：贪图财物，"冒"用在这里与"贪"同义。

【译文】

一点慈悲恻隐之心，是使民众生存、万物生长的基础；一种"君子有所不为"的风骨节操，是支撑天地的柱石。所以即使是一条虫、一只蚂蚁那样小的生物，君子也不忍心伤害它们；一丝一线的财物，君子都不会贪为己有。这样就可以使民众安乐生活，使万物顺利生长。在天地间树立一种精神，使民众与万物顺应自然规律而生存。

【原文】

与肩挑贸易，毋占便宜。

——《朱子家训》

【译文】

和肩挑货物的小商贩们做生意，千万不要占他们的便宜。

【原文】

糟糠不为彘①肥，何事②偏贪钩下饵？锦绮③岂因牺④贵，谁人能解笼中囮⑤？

——《菜根谭》

【注释】

①彘：猪。

②何事：为什么。

③锦绮：有彩色花纹的丝织品。

④牺：用于祭祀的牲畜。

⑤囮：鸟媒，经过驯服后的用于引诱野鸟以便捕捉的鸟。

【译文】

用糟糠喂猪，不是为了让猪生活得好，而是为了让猪长胖以后宰了吃。所以当有人白给你好处时，为何非要贪图这种小利而让自己上钩呢？祭祀用彩色花纹的丝绸装饰牲畜，并不是因为牲畜本身高贵。有谁能看透这场虚妄的荣华换来的只是笼中囮鸟那样的身不由己？

【原文】

贪心胜者，逐兽而不见泰山在前，弹雀而不知深井在后。

——《菜根谭》

【译文】

贪心过盛的人，追逐野兽看不见泰山就在前面，弹射鸟雀不知道深井就在后面。

【原文】

溺财①伤身，散财②聚人。

——《处世悬镜》

【注释】

①溺财：沉溺于钱财。

②散财：能将财富与他人分享。

【译文】

沉溺于钱财的人会伤害自己，能将财富与他人分享的人可以聚拢人才。

【原文】

贤①而多财，则损②其志；愚③而多财，则益其过。

——北宋·司马光《资治通鉴》

【注释】

①贤：贤能。

②损：损伤。

③愚：愚笨。

【译文】

贤能的人财富多了，便容易损伤他的志向；而愚笨之人财富多了，更会增加他的过错。

【原文】

富贵生淫欲①，沉溺致愚疾②。

——《处世悬镜》

【注释】

①淫欲：骄奢淫逸的思想。

②愚疾：精神上的疾病。

【译文】

物质的富足容易产生骄奢淫逸的思想，沉溺于不良的嗜好就容易招致精神上的疾病。

【原文】

逐①利而行多怨②，割爱适众身安③。

——《处世悬镜》

【注释】

①逐：追逐。

②怨：怨恨。

③安：平安。

【译文】

追逐利益的行为招人怨恨，适时放弃一些自己心爱的东西就可获得身家平安。

家风故事

子罕以"不贪"为宝

乐喜，字子罕，春秋时期宋国的贤臣。子罕担任司空一职，掌管建筑工程，制造车服器械，监督手工业奴隶。子罕位居六卿，但是时常能够体恤下层百姓。

公元前555年，皇国父被宋平公委任太宰一职，为了报答君恩，皇国父大献殷勤，要为宋平公建造一座楼台以供宴乐。子罕对此表示强烈反对，因为正值农时，如果在此时大兴土木，一定会耽误农事。所以子罕请求建筑楼台一事至少要推迟至农事完成以后，但是宋平公并没有接受。

公元前543年，郑国遭遇饥荒，当年的粮食颗粒无收，郑国百姓苦不堪言。担任上卿的子皮根据父亲子展的遗命，把自己的粮食分发给郑国百姓，每户一钟，郑国百姓因此得以保全，子皮也因此得到了郑国百姓的极大拥护。

子罕听说这件事情之后，感慨地说道："为官者应当多行善事，这是百姓所希望的。"不久，宋国也遭遇饥荒，子罕请示宋平公，希望宋平公能够拿出公室的粮食借给百姓以度饥荒，并发动士大夫们也借出自己的粮食。子罕带领自己的家族借给百姓粮食，但是不要求百姓立下借据，不打算要求百姓归还，并且以缺少粮食的士大夫的名义借给百姓粮食。宋国百姓因为子罕的这些举动，得以安全渡过饥荒。

晋国的叔向听说这些情况后，说道："郑国的罕氏（即子展、子皮的家族）、宋国的乐氏（即子罕的家族）肯定会长盛不衰，他们应该都能够执掌国家的政权吧！这是因为民心都已归向他们了。以其他大夫的名义施舍，不只是考虑树立自己的德望名声，在这方面子罕更胜一筹。他们将与宋国共存亡吧！"

子罕体恤百姓，轻财重施，为官清廉，不妄取人财，把"不贪"当作宝贝。宋国有个人得到了一块美玉，想把它献给子罕，但子罕坚决推辞。献玉的人说："这块玉，我已经让玉工仔细看过，认为这是一个不可多得的宝物，所以我把它献给您。"子罕回答说："我把不贪婪的品格当作宝物，你把美玉当作宝物。如果你把玉给了我，那么我们两个人都将丧失各自的宝物，不如我们都保有自己的宝物吧。"

献玉的人叩头请求说："小人怀中藏着宝玉，就等于藏着危险，如果您收下我这宝玉，那么我也可以避免被人谋财害命的危险。"听此一说，子罕决定暂时替他保管美玉，让玉工雕琢后卖出，然后把卖玉所得之钱全部给了那位献玉的人。

杨震淡泊名利清廉一生

杨震（? —124），字伯起，东汉宏农华阴人。潜心学术，传道授业二十余载，因其学识渊博，德高望重，从学者如市。50岁时，杨震走上仕途，历任荆州刺史、涿郡太守、司徒、太尉等职。

杨震任太尉的时候，宦官李常侍想为其兄谋一个官职。他知道杨震廉洁正直，不敢亲自开口，便托时任大鸿胪的皇舅耿宝向杨震推荐，但杨震仍不买账。耿宝威胁杨震说，李常侍是重臣，朝野畏服，推荐其兄是皇上的旨意。但杨震仍不理睬，耿宝只好恨恨而去。

延光二年，汉安帝下诏书为王圣兴建私宅，土木工程十分浩大。杨震见安帝昏庸任性，便上疏进行劝谏，说当今朝廷用海内贪污之人，他们大肆受贿，搜刮民财，全国上下怨声载道。朝廷如不改弦更张，仍然如此劳民伤财，势必造成"财尽则怨，力尽则叛"的大乱局面。

他的清正廉洁之言自然遭到一些人的嫉恨。宦官佞臣樊丰、周广等趁皇帝外出东巡泰山之际，制造假诏书，大兴土木，争相扩建自己豪华的房屋，被杨震察觉。杨震拿到假诏书，准备皇帝回京时告发。

樊丰等人知道后，惊慌不安，就谋划陷害杨震，欲诬告他对皇帝不满，有怨恨之心。昏君安帝不辨清浊善恶，下诏收回了杨震太尉印绶，罢免了杨震的官职，遣归乡里。消息传出后，以前的同僚、部下门生及亲朋好友在城西几阳亭为其送行，群情为之激愤。

杨震慷慨悲愤地对众人说："人都有一死，我不在乎。但我痛恨的是，对那些狡诈奸猾的贪官污吏却不能诛杀清除；我厌恶的是，对祸国乱政的淫邪女人却不能禁止杜绝。我死后，用下等杂木做棺材埋葬，只要裁一块能盖住尸体的布单就行了，不要运回祖宗坟墓，不要祭祀。"

杨震去世的同年冬天，安帝驾崩，顺帝即位，处死了罪大恶极的樊丰、周广等奸臣贪官，为杨震申冤昭雪，并任命杨震的两个儿子为郎官，用三公的礼仪把杨震改葬在华阴潼亭。

明诚修心，以正视听

迷而不返铸大错

【原文】

过而不悛①，亡之本也。

——《左传·襄公七年》

【注释】

①悛：悔改。

【译文】

有了过错而不悔改，这是灭亡的根本原因。

【原文】

过①而不改，是谓过也。

——《论语·卫灵公》

【注释】

①过：错误。

【译文】

有过错而不加以改正，这就叫真正的错误了。

【原文】

君子之过也，如日月之食①焉。过也，人皆见之；更②也，人皆仰之。

——《论语·子张》

【注释】

①日月之食：日食和月食。

②更：更改。

【译文】

君子的过失，好比日食月食：有过错时，人人都能看见；改正过错时，人人都仰望着。

【原文】

过则勿惮①改。

——《论语·学而》

【注释】

①惮：害怕，畏惧。

【译文】

有了过错就不要害怕改正。

【原文】

孟子曰："今有人日攘①其邻之鸡者，或告之②曰：'是非君子之道。'曰：'请损③之，月攘一鸡，以待来年，然后已。'——如知其非义，斯速已矣，何待来年？"

——《孟子·滕文公下》

【注释】

①攘：偷窃。

②或告之：有人劝告他。

③损：减少。

【译文】

孟子说："现在有一个人每天偷邻居家的一只鸡，有人劝告他说：'这不是君子的行为。'偷鸡人便说：'我准备减少一些，先每个月偷一只，等到明年，就不再偷了。'——如果知道这种行为是不合道义的，就要赶快停下来，为什么要等到明年呢？"

【原文】

仲由①喜闻过，令名②无穷焉；今人有过不喜，人规③如护疾而忌医，宁灭其身而无悟也噫。

——《周敦颐集·通书·过》

【注释】

①仲由：孔子的弟子，姓仲，名由，字子路。

②令名：美名。

③规：劝，谏。

【译文】

子路喜欢别人指正他的过错，所以他的美名万世流传。现今的人有了过错，却不喜欢别人规劝，就如同掩盖自己的疾病而忌讳医治，宁肯身死而不觉悟。

【原文】

真知非则无不能去，真知过则无不能改。人之患①，在不知其非、不知其过而已。所贵乎学者，在致其知，改其过。

——《陆九渊集》卷十四《与罗章夫》

【注释】

①患：担忧。

【译文】

真正知道了自己的不对之处，就没有什么不能去掉的，真正知道了自己的过错之处，就没有什么不能改正的。人最可担忧的，在于不知道自己的不对之处和过错之处罢了。学习的人最可宝贵的，就在于增加自己的知识，改正自己的过错。

【原文】

秦恶闻其过而亡，汉好谋能听而兴，岂非千古之永鉴①。

——《薛瑄全集·读书录·史评》

【注释】

①鉴：镜子。

【译文】

秦朝厌恶听别人指正自己的过错而灭亡，汉朝喜好谋划又能听取别人的意见而兴起，这难道不是千万代永远的镜子吗？

【原文】

学问之道无他，惟时时知过改过。无不知，无不改，以几于无可改，非圣而何？上之，若颜子①之不远复，有不善未尝不知，知之未尝复行，几于圣矣。次之，亦若子路②告之以过则喜，犹为贤者之事。下之，则如世俗之恶闻己过，终至于过恶日积，人莫敢言，真下愚不移矣。

——《陈确集·别集》卷二《近言集》

【注释】

①颜子：指孔子的学生颜回。孔子称赞颜回"不贰过"，即不第二次犯同样的错误。

②子路：孔子的学生。《论语》记载他"闻过则喜"。

【译文】

做学问的道路没有别的，只有时刻知晓自己的过错并改正自己的过错。没有不知道的过错，没有不改正的过错，差不多没有什么可以改正的了，这样的人不是圣人又是什么？等而上之的，就像颜回那样不会犯第二次错误，有不善的行为没有不知道的，知道了就不会再这样做，他差不多就是圣人了。次一等的，就如子路那样，别人指出他的过错他就很高兴，这也像

第二章　明诚修心，以正视听

是贤人的行为了。等而下之的，就如世上庸俗之人，厌恶别人指出自己的过错，最终导致过错和罪恶日积月累，别人都不敢给他指出来，真正成为等而下之的愚蠢之人而不可改变了。

【原文】

不制怒，无以纳谏；不从善，无以改过。

——《处世悬镜》

【译文】

不能控制自己的愤怒，就不可能容纳别人的劝谏；不能听从他人的劝告，也就不可能改过从善。

【原文】

功过不宜少混，混则人怀惰隳①之心；恩仇不可太明，明则人起携贰②之志。

——《菜根谭》

【注释】

①惰隳：心灰意懒，堕落不振。

②携贰：心怀二心。

【译文】

功劳与过错不能有丝毫的混淆，如果混淆功劳与过错，就会使人灰心丧气，不愿意再勤奋努力；恩惠和仇恨不能表现得过于明显，如果表现得过于明显，就会使人产生怀疑猜忌之心而兴起反叛的想法。

【原文】

恶忌阴①，善忌阳②。故恶之显者祸浅，而隐者祸深；善之显者功小，而隐者功大。

——《菜根谭》

【注释】

①阴：指事物的背面，不露出表面的、暗中的。

②阳：指事物的正面，外露的、明显的。

【译文】

当一个人做了坏事，最怕的是把这件事情隐瞒起来，做了好事，最怕的是把这件事情宣扬出去。所以坏事被大家及早发现的，坏事所能造成的坏影响就小。如果坏事隐藏得很深，不被大家发现，那么坏事造成的祸害就很多。一个人做了好事到处宣扬，那么这件好事的价值就会变小。一个人做了好事并不宣扬自己，这件好事的价值就会更大一些。

家 风 故 事

讳疾忌医

扁鹊是春秋战国时期的名医，有一天他去见蔡国的国君桓公，端详了对方的气色以后，说："大王，您得病了。现在还只在皮肤表层，如果马上治疗，很快就会好。"蔡桓公不以为然地说："我没有病，用不着你来治!"扁鹊走后，蔡桓公对左右说："这些当医生的，成天想给没病的人治病，好用这种办法来证明自己医术高明。"

过了十天，扁鹊再去看望蔡桓公。他着急地说："大王，您的病已经发展到肌肉里了，可得抓紧治疗啊!"蔡桓公把头一歪："我根本就没有病，你走吧!"扁鹊走后，蔡桓公又很不高兴。

又过了十天，扁鹊再去看望蔡桓公。他看了看蔡桓公的气色，焦急地说："大王，您的病已经进入了肠胃，不能再耽误了啊!"蔡桓公连连摇头说："见鬼了，我哪来什么病!"

再过了十天，扁鹊再一次去看望蔡桓公。可是这一次他只是远远地看了一眼蔡桓公，立刻掉头就走了。蔡桓公心里十分纳闷，就派人去问扁鹊："您为什么掉头就走呢？"扁鹊说："病在皮肤表层，可以用热敷；病在肌肉里，可以用针灸；病到肠胃里，可以吃汤药。但是，现在大王的病已经深入骨髓，病到这种程度只能听天由命了。所以，我也不敢再为大王治病了。"

不久之后，果然如扁鹊所说，蔡桓公病发，不治身亡。

错误面前要敢于担当

明朝大将钱藻在京城驻守时，地方官府交来一桩案子。原来是两名驻守京城的军士在外出公干时，结伙在路上抢劫财物，被衙吏擒获。押解到官府，那两名军士自恃是京城守军，地方上奈何不得他们，便口出狂言，目无官府。

官府很难治服他们，便解到地方驻军长官钱藻处，请他代为审理此案。一经审问，那两名军士也不把钱藻放在眼里，照样刁蛮不讲理，并口出威胁之言。钱藻手下人都十分生气，吵着要揍他们。钱藻一摆手制止了他们。

钱藻明白，这两名军士的长官也是自己的上司，若这俩军士不能招供认罪，上司怪罪下来，于自己也不好。想了一想，他便心中暗生一计。

他看那甲军士性情暴躁，便命手下人将甲军士押出军门外数丈处，让他看着自己审讯乙军士。钱藻装出温和的样子跟乙军士闲话起来。乙军士见这长官变了态度，反问些与本案无关的话题，因此也平静下来回答。每当乙军士说一段，钱藻就在纸上写一阵子。那甲军士把这一切都看在眼里。

过了一会儿，钱藻让人押走乙军士，传来甲军士，晃着手中的纸说："看，乙军士都招供了，这事是你的主谋，还不快快认罪！"甲军士一听就火了，大跳大叫着说："胡扯！这事都是他的主意，他怎么能赖我？"钱藻笑了笑："他说了，这事是你先出主意抢劫的。"甲军士更火了，一跳老高，叫着："他胡说！我俩出来公干，不小心把盘缠丢了，难回京都。他说：'人家偷咱的，咱不会抢人家的吗？咱手中有家伙，哪个不害怕！'于是领我躲在路边上，抢了那个商人。"钱藻一一记下来，又问了些细节，让甲军士画了押，押了出去。

他又把乙军士传来，说："甲军士都招了，主谋是你。"乙军士是个奸诈人，起初还不相信，听钱藻念出细节之后，也火了，说："主意是我出的不假，但动手的是他。"于是把经过也讲了一遍。钱藻记下之后，也让乙军士画了押。

这样，钱藻两边巧施离间计，让两个军士互相攀咬，终于审出了案子真情，把那两军士分别治罪，并呈报给两军士的长官。那长官看有军士供状，也不好再说什么了。

聪明反被聪明误

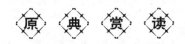

【原文】

倒持泰阿①，授②人以柄。

——宋·乐史《绿珠传》

【注释】

①倒持泰阿：倒拿着泰阿剑。泰阿，古代宝剑名。

②授：动词，给予，交付。

【译文】

比喻把权柄轻易地交给了别人，自己反受其害。

【原文】

仁者①不乘危②以邀利③，智者④不侥幸⑤以成功。

——明·冯梦龙《东周列国志》

【注释】

①仁者：有同情心的人，有尊重和爱护别人并愿意帮助他人的人。

②乘危：动词，乘人之危。

③邀利：动词，求取利益。

④智者：聪明、见识和计谋集于一身的人。

⑤侥幸：形容意外或偶然地获得成功。

【译文】

一个有同情心又尊重、爱护并愿意帮助别人的人，绝不趁他人有危难的时候，又帮助人又与人讲条件和价钱，企图捞什么好处。聪明又有见识的人，做起事来靠事前考虑周到、细致，靠自己的能力取胜，绝不莽撞行事，不靠偶然的运气赌输赢。

【原文】

真廉①无廉名，立名者正所以为贪；大巧②无巧术，用术者乃所以为拙。

——《菜根谭》

【注释】

①廉：廉洁。

②大巧：大智慧。

【译文】

一个真正廉洁的人没有廉洁的名声，为自己树立廉洁名声的人，正是贪图廉洁的名声才这样做；真正有大智慧的人不会卖弄小聪明，玩弄小伎俩、要小聪明的人，其实是为了掩饰他的笨拙和无知。

【原文】

夫聪明当用于正①，亲师取友，逆归一路②，则为圣贤，为豪杰，事半而功倍。若用于不正，则适足以长傲、饰非、助恶，归于杀身而败名。

——魏禧《魏叔子文集·给继子魏世侃》

【注释】

①正：正道。

②一路：志同道合。

【译文】

聪明要用在正道上，所接近的师友都是志同道合的人，要做圣贤豪杰，就可以事半而功倍；聪明不用在正道上，只会增长傲气、掩饰错误、助长恶习，最终身败名裂。

【原文】

乖僻自是，悔误必多。

——《朱子家训》

【译文】

一个性情偏激古怪、自以为是的人，必会因常常做错事而懊悔。

【原文】

十语九中，未必称奇。一语不中，则愆尤①骈集②。十谋九成，未必归功。一谋不成，则訾议③丛兴。君子所以宁默毋躁，宁拙毋巧。

——《菜根谭》

【注释】

①愆尤：过失，罪过。愆，罪过、过失。尤，过失、责怪、

第二章｜明诚修心，以正视听

怨恨。

②骈集：凑集、集合，接连而至。骈，两物并列、成双。

③訾议：议论、指责别人。訾，诋毁、指责。

【译文】

十句话中有九句说对了，未必有人称赞。一句话说错了，各种指责就纷纷到来。十次计谋中有九次成功，也未必会使人觉得你有功劳。一个计谋失败，那么各种非议责难也就接连而至。所以君子宁可静默而不愿意冲动急躁，宁可笨拙一些也不自作聪明。

家风故事

狄仁杰巧断狡诈之妇害亲夫

狄仁杰为官清正，断案如神。他在当县令时，就破过不少案子。其中有一例杀夫案，断得令人拍案叫绝。

有一个叫郝财的男子，白天还和妻子饮酒说笑，当天夜里忽然死去，而且死相很吓人，双目凸现，口角歪斜。郝财家的人赶到现场后，觉得郝财死得不明不白，又素知郝妻为人轻浮，夫妻之间常吵架，于是就到县衙门告状，要县太爷为郝家做主。

狄仁杰是个不轻易下结论的人。他细心查看了郝财的尸体，确定死者无中毒现象，也无伤痕。又查看屋内外，发现外墙有一处活动石砖却被屋里的大衣橱挡着，不细心看不出丝毫痕迹。待差役们把大衣橱搬走，露出活动砖墙时，狄仁杰命人将其拆开，竟是一扇小小的门，直通邻居王五之家。狄仁杰审讯王五、郝妻，两人均不承认有私情，并说从来不知道活动砖墙之事。

狄仁杰审案不是那种动辄就用刑的人。他问郝妻："你丈夫为何白天还好好的，却在夜里突然死去。你要从实讲来。"郝妻一口咬定："小妇人不知丈夫死因。俗话说，阎王要人三更死，不敢留人到五更。郝财是命里该死。小妇人纵然悲痛，也无可奈何。"狄仁杰见郝妻巧言善辩，又见她口口声声相信因果报应、命里注定之说，便定下一个计策。

夜里，郝妻在狱中被一阵阴风吹醒，她睁眼一瞧，只见黑白无常、牛头马面站在面前。郝妻顿时吓呆了。她被小鬼们用铁链拖到阎王殿上，只见阎王高坐大殿，阴暗的火光中尽是凶神恶煞，鬼哭狼嚎。又见丈夫郝财举着状纸，哀哀索命。郝妻此时魂不附体，又听阎王说大刑伺候。郝妻为免遭大刑，只得招供平时与邻居王五私通，这天趁郝财酒醉，用一枚大钢钉钉入丈夫头上，又用头发盖好，所以找不到伤口的痕迹。

郝妻招供画押完毕，大殿上灯火齐明，原来阎王小鬼等均是狄仁杰和差役所扮。郝妻还想翻供，但差役来报，已在郝财头上找到钢钉。郝妻无法抵赖，只得认罪。

巧伪不如拙诚

【原文】

巧伪①似虹霓，易聚易散；拙诚似厚土，地久天长。

——《处世悬镜》

【注释】

①巧伪：技巧虚伪。

【译文】

技巧虚伪如同彩虹幻象，容易聚拢更容易散去，是不会长久的；而笨拙的忠诚如同厚重的大地一般，会长久保留下去。

【原文】

忠信谨慎，此德义之基也；虚无诡谲①，此乱道之根也。

——《处世悬镜》

【注释】

①诡谲：狡诈。

【译文】

忠诚守信、谨慎小心，这些都是道德仁义的基石，而那些不切实际的虚伪狡诈都是祸乱的根本。

【原文】

白日欺人，难逃清夜之愧赧①；红颜②失志，空贻③皓首④之悲伤。

——《菜根谭》

【注释】

①愧赧：羞愧脸红。

②红颜：比喻少年。

③贻：留下。

④皓首：白头，指老年。

【译文】

光天化日下欺凌侮辱了别人，难以逃脱夜深人静独处的时候必然产生的羞愧之感；年少的时候没有立下奋斗志向，到年老的时候就会因为白头却无所成就而悲伤。

【原文】

精于理①者，其言易而明；粗②于事者，其言浮而狂。故，言浮者亲行之，其形可见矣。

——《处世悬镜》

【注释】

①理：事理。

②粗：一知半解。

【译文】

熟悉事理的人，他的话会是平易而简洁明了的；对事情一知半解的人，他的话会是浮夸、肤浅和狂妄的。所以，那些好夸夸其谈的人，一旦让其实践，就会原形毕露。

家 风 故 事

包拯巧审 "宋记" 布案

某日，包大人微服私访，路经一处山冈时，忽然看见不远处的草丛上方苍蝇乱飞，山风中夹杂着一股恶臭的血腥味，呛得人喘不过气来。包拯令衙吏前去查看。

衙吏看过禀报：草丛里有一具男尸，身体已经腐烂，面目全非。背上压着块大青石板，肩上还搭一马褡裢子，内有木制的 "宋记" 印戳。包拯断定，死者是个收卖粗大布的商人。他命人找来地保查问，此地根本没有姓宋的贩布商人。于是，包拯又断定，这是一起谋财害命的案子。那么杀人犯又是谁呢？

包拯返回县府后，经过反复推敲，连夜赶写了一则布告，一早便命人贴了出去。布告说：要在大堂之上审石板。此言一出惊四座，许多人围住布告议论纷纷，说包大人怎么做这种稀奇古怪的事呢？但又禁不住好奇心，所以开堂不久，县衙门前就被围得水泄不通了。

大堂中央果然放着一块青石板，包大人一脸正色，断然喝道："大胆石板，竟敢在光天化日之下谋财害命！真是目无国法，来呀！给我狠打四十大板！"差役果真扬起板子，狠狠地朝石板打去。"噼噼啪啪"，震得差役只喊手痛。众人见状，禁不住笑了起来。包拯斥责道："本县断案，大堂上理应肃静，你们竟敢喧哗公堂！该当何罪？"

责打石板本是件可笑之事，没想到包大人却动了怒。众人不敢再造次，一齐跪下口称："知罪，望大人息怒。"包拯一拍惊堂木，言道："既知罪就好，那你们是愿打还是愿罚？愿打，每人打四十大板；愿罚，每人取保回押，限定三日，交上三尺大布，违者严惩!"众人纷纷言称愿罚，心想包大人今儿反常，找不到凶犯，倒让我们献孝布来了!

三天之内，近街远集的粗大布一购而空。衙吏们一边收布一边核对布头上的印记，发现不少的粗大布上都印有"宋记"的戳子，与死者的印戳一模一样。后经查问，此布是某布庄的。包拯命人将布庄老板抓来。老板一见死者的印戳，顿时吓瘫了，面如土灰的老板只得供认：死者宋某从外地收购粗大布，盖上印戳后寄存在他那里，他谋财害命，于匆忙中忘了毁掉马褡裢子了。

"女诸葛"巧天盗贼

清朝时，某地一富户深夜遭到了窃贼的偷袭。一伙蒙面的强盗，把主人夫妇从床上拖起来，用剑刃指着他们的喉咙，勒令交出家中所有的钥匙。

夫妇俩吓得不敢不从，忙哆嗦着在梳妆台上寻出一串钥匙，递给了他们。强盗们立即各持一把，分散到各个房间搜寻起来。一时间，家中所有箱柜都被打开了。卧室、厅堂、书房……被翻得狼藉不堪。

眼看家中财物将被掠夺一空，有个小丫头此时挺身站了出来。别看她小小的年纪无力驱赶盗贼，但她却在想点子……忽然她看见了院里的柴堆，月光下的柴堆上面浮着一团团夜雾。

小丫头心里一动，急忙装出十分惧怕的样子，对放哨的强盗哭哭啼啼地说："叔叔，我冷……冷啊？您让我到厨房里去暖和一会儿好吗？"说着小身子抖成了一团。强盗见小丫头不满 10 岁的样子，量她是不敢出门送信的，于是说："去吧。"

小丫头获得允诺，就佯装冷得站不住的样子，磕磕绊绊地走向厨房。

刚迈进房门，小丫头便来了精神。她把门闩上，找到敲火石，点着了油灯，接连向灶里塞进几把稻草，火苗瞬时燃成了一片红光……这时，小丫头马上打开窗子，越窗跳到后院，又将窗子关好。

放哨的强盗见小丫头半天不出来，便走到厨房门前不放心地冲门缝窥探了一下，见油灯亮着，灶膛里的火闪着，估计小丫头正在取暖，就重新回到厅堂前放风去了。

正当屋里的强盗贪得无厌地一遍遍搜寻财物时，村里忽然响起了一片呼喊声："救火啦! 救火啦!"伴随着喊声，是纷至沓来的脚步声。强盗们猛然惊觉，他们像没头苍蝇似的四处乱撞着，逃到门口，只见村民们拎着水桶、擎着扁担，站满了一大片。

强盗刚要夺门而逃，只听小丫头喊："叔叔、伯伯们快抓住他们! 他们是强盗!"人们顿时醒悟过来，大家一拥而上，七手八脚，一会儿工夫，就把强盗活捉了。

主人感激大家的救命之恩。询问失火原因时，才知是小丫头使的一计：原来，她从厨房来到后院，将靠近围墙的一垛稻草点燃了。

那夜风大，火借风势，风助火威，大火引来了救兵。主人及村民围住小丫头，无不赞许她随机应变的智慧，说她小小年纪竟有如此过人的聪明才智，将来定能成为一个女诸葛亮!

第二章 明诚修心，以正视听

自私自利是大忌

【原文】

公平正论不可犯手①，一犯手则遗羞万世；权门私窦②不可著脚③，一著脚则玷污④终身。

——《菜根谭》

【注释】

①犯手：触犯，违犯。

②私窦：窦是储藏粮食的窖，壁间的小门也叫窦。私窦就是私门，即走后门。

③著脚：踏进去。

④玷污：美誉受污损。

【译文】

凡是社会大众所公认的规范和法律绝对不可以触犯，一旦不小心或故意触犯了，你就会遗臭万年；凡是权贵营私舞弊的地方，千万不可踏进一步，万一不小心或故意走进去，那你清白的人格就一辈子也洗刷不清了。

【原文】

善人未能急亲①，不宜预扬②，恐来谗谮③之奸；恶人未能轻去，不宜先发，恐招媒孽④之祸。

——《菜根谭》

【注释】

①急亲：迫切和人亲近。

②预扬：预先赞扬。

③谗谮：恶意中伤与诽谤。

④媒孽：制造事端诬陷别人。

【译文】

遇到善良有德行的人不要迫切和他亲近结交，也不要预先赞扬他的美德，为的是避免引起坏人恶意的诽谤与中伤。和品行不端的人绝交，不能草率行事，随便把他打发走，尤其不可打草惊蛇，以免遭到这种人的报复陷害。

【原文】

毋私小惠而伤大体，毋借公论以快①私情。

——《菜根谭》

【注释】

①快：快乐，快意。

【译文】

不要为了自己利益而对别人施以小恩小惠伤害大家利益，也不要借舆论满足一己之私。

【原文】

为官心存君国，岂计身家？

——《朱子家训》

【译文】

做官应以国家利益为重，不应只计较个人得失。

【原文】

利亦训①通②。通则利③，不通则不利。以义为利者，通于人

 095

第二章　明诚修心，以正视听

者也。以利为利者，专于己者也。通于人者，财散则民聚。专于己者，财聚则民散。

——明·陆世仪《思辨录》

【注释】

①训：通"顺"，顺应。

②通：通畅，通向。

③利：用作动词，获利。

【译文】

利益也顺应通向。顺通就能获利，否则就无利可图。以义理为利益，就通向众人。以私利为中心，就会一心为自己。通向众人，有公心，财物虽然有所分散，但人心却能聚积在一起。一心只为自己，只有私心，财物虽然积聚在个人手中，但却导致人心离散，最后也就失去了根本利益。

【原文】

夫生不可不惜，不可苟惜①。

——《颜氏家训》

【注释】

①苟惜：苟且偷生。

【译文】

人的生命不可不珍惜，但也不能苟且偷生。

家 风 故 事

无私与自私

从前有个人，在沙漠中迷失了方向，饥渴难忍，濒临死亡，可他仍然拖着沉重的脚步，一步一步艰难地向前走。终于，他找到了一间废弃的小屋，这间屋子已久无人住，风吹日晒，摇摇欲坠。在屋前，他发现一个吸水器，便用力抽水，可滴水全无。他气恼至极，忽又发现旁边有一个水壶，壶口被水塞塞住，壶上有一个字条，上面写着：你要先把这壶水灌到吸水器中，然后才能打水。但是，在你走之前一定要把水壶装满。他小心翼翼地打开水壶塞，里面果然有一壶水。

这个人面临着艰难的抉择，是不是该按字条上所说的，把这壶水倒进吸水器里？如果倒进去之后吸水器不出水，岂不白白浪费了这救命之水？相反，要是把这壶水喝下去就会保住自己的生命。一种奇妙的灵感给了他力量，他下决心照纸条上说的做，果然吸水器中涌出了泉水。他痛痛快快地喝了个够。休息了一会儿，他把自己的水袋和那个水壶都装满水，塞上壶塞。然后，他在纸条上加了几句话："请相信我，纸条上的话是真的，你按照纸条上的话去做，不但能尝到甘美的泉水，还能拯救其他像你一样的人。"

故事中的人，在面对生死的考验时，无私和自私在他的心中进行了激烈的争斗，最终他的无私之心战胜了自私的欲火，使他品尝到了甘泉的甜美。倘若那时的他，没有在自己的心中开展一次无私和自私的争斗，那么喝完那壶水后，他肯定还是不能走出沙漠。而对于后来的需要水的人来说，无疑也是一场灾难。

生命的意义不是在自私中实现的，一个自私的人不但会伤害到自己，而且会伤害到他人；而一个无私的人，不但会给别人带来很多帮助，也会得到别人的巨大回报。

聂豹清正无私

聂豹，明代学者。字文蔚，号双江，江西吉安永丰人。正德十二年考中进士，为平阳知府，官至兵部尚书。是明代有名的廉吏之一，名垂青史。

聂豹推崇王阳明的"致良知"学说，以阳明为师，但他认为良知不是现成的，要通过"动静无心，内外两忘"的修炼才能达到。他一生为官清正廉洁，体察民情，为民办事，深受民众拥戴。

华亭县是个灾害多发地区，百姓贫困，经济薄弱，前面多任地方官吏却贪得无厌。聂豹调任这里当知县，上任才几天，就有许多县吏乡胥推车扛包送来了厚礼，有的还在礼物中夹带上百两白银。聂豹心想，这都是拿百姓的钱啊，这些贪官太嚣张了！

然而，面对这些厚礼，收还是不收？聂豹眉头一皱：收！眼下要为民办事，手头正缺资金，如今送上门来了，为什么不收呢！于是，聂豹收下了这些贪官污吏的银两，而那些贪官污吏不明原因，心里还在想：这位新县令很厉害，这些钱送上去，自己又可以升官发财了。然而，在这些贪官污吏中还有比较坏的，他们背地里恶人先告状，想把聂豹收钱的事告到京城，这样聂豹就在这个地方待不下去了，他们还可以除掉一个升官的绊脚石。

哪知，状纸没有送到京城，聂知县便把行贿名单和全部礼物公布于众，连一尺布、一块手绢也不遗漏，这事一时轰动了整个华亭县。

贪官污吏这下子可傻眼了，不知道如何是好，正所谓求天天无路，求地地无门。果然，不出几天，这些行贿的大小官员都被革了职，贿赂之物拍卖，现金归库，不多不少折合白银1.2万两。

后来，还查出吏胥私吞税银1.8万两。聂知县把这笔收入全部用于兴修水利、建桥、修路等社会公益事业，这一壮举受到了当地百姓的支持，大家都喊道："我们终于有一个父母官了。"

聂知县在华亭县任职3年，疏通河港5万余丈，修复废渠2万余丈，为当地百姓解除了缺水之苦，使3000多户逃荒在外的华亭人重返故乡。百姓对于聂知县的评价是：华亭人的父母官。

在利益的面前，应有勇气坚持自己的意见。坚持己见，不向邪恶势力低头，是一种原则，也是一种勇气。通常，能够坚持自己意见的人，都是有原则的人。而取得成就的，也多是那些有原则、坚持自己见解的人。聂知县是一个有原则且爱百姓的好官，所以才受到人们的爱戴。

无信之人无操守

【原文】

轻诺必寡信①，多易必多难。

——春秋·老子《老子·六十三章》

【注释】

①轻诺必寡信：轻易许诺，却很少兑现。诺，许诺，诺言。寡，少。

【译文】

轻易得到的许诺总是缺少信用，经常把事情看得太简单，做起来一定有很多困难。

【原文】

縻情羁①足，疑事无功。

——《处世悬镜》

【注释】

①羁：羁绊，牵绊。

【译文】

人一旦受困于感情，做事就会束缚了自己的手脚，行事迟疑不决，也就不会成就功业了。

第一章 明诚修心，以正视听

【原文】

人臣不密则失身，树私则背①公，是大戒也。汝等亦当宦达②人间，宜识吾此意。

——《荀勖传》

【注释】

①背：背离，损害。

②宦达：官位显达，仕途亨通。

【译文】

身为臣子，不保守机密就失去了做人的操守，专门营私就会损害公家的利益，这是重要的鉴戒啊。你们也应在世间官位显达，仕途亨通，要领悟到我的这个意思。

【原文】

言不必信，行不必果，惟义所在。

——《孟子·离娄下》

【注释】

信、果、义的哲学思想是说：致力于信、果，未必合乎义；致力于义，信、果就在其中了。

【译文】

（大人物）讲话不需要句句兑现，办事不需要件件落实，只是总体上要合乎道义。

【原文】

言而不信①，何以②为言。

——《春秋榖梁传·僖公二十二年》

【注释】

①言而不信：说话没有信用，不算数。典出《榖梁传·僖公

二十二年》："言之所以为言者，信也；言而不信，何以为言？"信，信用。

②何以：副词，凭借什么，用什么。

【译文】

说出的话之所以被称作"言"，是因为"信"。如果说出的话没有信用，那么它怎么能被称作"言"？

家风故事

季札挂剑，人无信不立

季札是春秋时吴王寿梦四个儿子中最小的一个。他很有才华，寿梦在世时就想把王位传给他，但季札避让不答应，寿梦只好让长子诸樊继位。

季札受吴王的委托出使北方，拜访了徐国国君。徐国国君在接待季札时，看到了他佩带的宝剑。吴国铸剑在春秋闻名，季札作为使节所佩带的宝剑自然不凡。徐国国君对季札的宝剑赞不绝口，流露出喜爱之情。

季札也看出徐国国君的心意，就打算把这宝剑送给徐国国君作为纪念。但是这把剑是父王赐给他的，是他作为吴国使节的一个信物，他到各诸侯国去必须带着它，现在自己的任务还没完成，怎么能把它送给别人呢？季札暗下决心，返回时一定把此剑献上。

后来，他离开徐国，先后到鲁国、齐国、郑国、卫国、晋国等地，返回时途经徐国，当他想去拜访徐国国君以实现自己赠剑的愿望时，却得知徐国国君已死。

万分悲痛的季札来到徐国国君墓前祭奠，祭奠完毕，他解下身上的佩剑，挂在坟旁的树木之上。随从人员说："徐国国君已死，还留下宝剑干什么呀？"季札说："当时我内心已答应了他，我不能因为他已死，就违背自己的心愿啊！"

人无诚信，不能生存于世上。季札虽然没有当面许诺要赠给徐国国君宝剑，只是在心中有一个赠剑的愿望，当他想要实现这个愿望时，徐国国君却已经死了，但季札并没有因为徐国国君的死而不履行承诺。

一个已经亡故的赠剑对象，一把价值连城的宝剑，诠释了"诚"的真实含义。相比那些对别人做出了正式承诺，而找各种理由不履行诺言的人来讲，季札无疑给他们做出了一个良好的表率。

周幽王失信，丧失江山

西周末年，周幽王即位之后，什么国家大事都不管，只知道吃喝玩乐，还打发人到处找美女。大臣褒珦劝谏幽王，幽王不但不听，反把他关进了监狱。

褒珦在监狱里被关了三年，褒家的人千方百计要把褒珦救出来。于是他们在乡下买了一个挺漂亮的姑娘，教会她唱歌跳舞，把她打扮起来，献给幽王。这个姑娘算是褒家人，取名褒姒。

周幽王得了褒姒，高兴得不得了，就把褒珦给释放了。幽王十分宠爱褒姒，封他为妃。可是褒姒自从进宫以后，心情闷闷不乐，没有过一次笑脸。幽王想尽办法叫她笑，她怎么也笑不出来。周幽王下了命令：有谁能让王妃笑一下，就赏他一千金。

有个马屁鬼叫虢石父，他替周幽王想了一个主意。原来，周王朝为了防备西方游牧民族犬戎的进攻，在骊山一带造了20多座烽火台，每隔几里地就是一座。如果犬戎打过来，把守第一道关的兵士就把烽火烧起来；第二道关上的兵士见到烟火，也把烽火烧起来。这样一个接一个，附近的诸侯见到了，就会发兵来救。

虢石父对周幽王说："现在天下太平，烽火台长久没有使用了。我想请大王跟娘娘上骊山去玩几天。到了晚上，咱们把烽火点起来，让附近的诸侯见了赶来，上个大当。娘娘见了这许多兵马扑了个空，肯定会笑起来。"

周幽王拍着手说："好极了，就这么办吧！"他们上了骊山，真的在骊山上把烽火点了起来。临近的诸侯得了这个警报，以为犬戎打过来了，赶快带领兵马来救。没想到赶到那儿，连一个犬戎兵的影子也没有，只听到山上一阵阵奏乐和唱歌的声音，大伙儿都愣了。

周幽王派人告诉他们说："大家辛苦了，这儿没什么事，不过是大王和王妃放烟火玩儿，你们回去吧！"诸侯知道上了当，憋了一肚子气回去了。

褒姒不知道他们闹的是什么玩意儿，看见骊山脚下来了好几路兵马，乱哄哄的样子，就问幽王是怎么回事。幽王一五一十告诉了她，褒姒真的笑了一下。

周幽王见褒姒开了笑脸，就真的赏给虢石父一千金。

周幽王宠着褒姒，后来干脆把王后和太子废了，立褒姒为王后，立褒姒生的儿子伯服为太子。原来王后的父亲是申国的诸侯，得到这个消息，就联合犬戎进攻镐京。

周幽王听到犬戎进攻的消息，惊慌失措，连忙下命令把骊山的烽火点起来。烽火倒是烧起来了，可是诸侯因为上次上了当，谁也不来理会他们。

烽火台上白天冒着浓烟，夜里火光冲天，可就是没有一个救兵到来。犬戎兵一到，镐京的兵马不多，勉强抵挡了一阵就被犬戎兵打得落花流水。犬戎的人马像潮水一样涌进来，把周幽王、虢石父和褒姒生的伯服杀了，也抢走了那个不开笑脸的褒姒。

诚信是诚信者做人的"招牌"，欺骗是不诚信者立足的"法术"。然而，对于每个人来说，诚信是立足之本，是像生命一样宝贵和值得用一切去捍卫的东西。人若是诚信不立，甚至是玩弄欺骗的手段，那么，他就会如同故事中的周幽王那样付出惨重的代价。

第二章 明诚修心，以正视听

不行道义必受惩

【原文】

夫爱人者，人必从而爱之；利人①者，人必从而利之；恶②人者，人必从而恶之；害人者，人必从而害之。

——《墨子·兼爱中》

【注释】

①利人：把利益施于别人。利，此做动词用。

②恶：憎恶。

【译文】

爱别人的人，别人也必然会爱他；把利益给别人的人，别人也必然会给他利益；憎恨别人的人，也必然会遭到别人的憎恨；伤害别人的人，别人也必然会反过来伤害他。

【原文】

见色而忘义，处富贵而失伦①，谓之逆道②。逆道者，患之将至。

——《处世悬镜》

【注释】

①失伦：有失伦常。

②逆道：逆天而行。

看见女色而忘记了道义，身处富贵而有失伦常，这就是逆天而行。逆天而行的人，灾祸厄运将会降临其身。

家 风 故 事

陈胜之死

陈胜在当雇工时，曾对同伴说过"苟富贵，毋相忘"，意思是一旦富贵了，不要忘记穷伙伴之间的友谊。但他自己在称王之后，并没有做到这一点，最终导致了自己的失败。

陈胜称王之后，六国贵族、各地儒生、四方豪杰纷纷投奔而来。这些人有的是真心投军，起义反秦；有的则不然，是要借起义军的力量谋取私利。特别是那些想在陈王身边捞个一官半职以图富贵的人，不是想法率领军队进攻秦军，扩大战果，而是极力劝说陈胜既然为王，就不能再像以往那样和士卒亲密无间，不分尊卑贵贱，随便往来，而应像个王爷的样子。而陈胜也被胜利冲昏头脑，本应全力扩大战果，竟然追求起享受来了，门口警卫森严，盛设仪仗，自己深居于王宫之中，有事求见，要经过几层警卫才能进来。属下办事稍有不如意，就予以惩治，人们逐渐不像以往那样爱戴他了。

一次，几位陈胜当雇工时的穷伙伴前来投奔。他们不了解见王爷的规矩，自称要见陈涉（陈胜字涉），差点被宫门卫士捆起来。后来，陈胜出来查巡时，几个穷伙伴拦路大呼，才被陈胜带回宫中。这些穷伙伴看见陈胜宫殿深沉，陈设豪华，都是从未见过的东西，想起过去的日子，不禁说些往事，言谈举止，出出进进，难免随便，不合王宫礼仪。陈胜表面上不说什么，内心却越来越不高兴，有人看透了陈胜的心思，说："这些人愚蠢无知，举止粗鲁，胡说八道，有损大王威严，不能留在身边。"陈胜竟然借故把他们全杀了。其余故人见陈胜已忘却昔日情谊，没有像他所说的那样"苟富贵，毋相忘"，都悄悄地离去。原来的亲信都走光了，陈胜就重用朱房、胡武两个人，专门监视群臣，外出打仗的人回来报告情况，言谈举止稍不留神就被关进狱中。人们的不满情绪日益滋长。

陈胜追求称王，对战事发展也就考虑不足，用人必然有误，指挥失当。陈胜曾先后派吴广进攻莱阳，派武臣、张耳、陈余等攻打河北。张耳、陈余攻入河北不久就立武臣为赵王，脱离了陈胜。吴广进攻荥阳，一时攻不下来，几次要求陈胜增兵支援。陈胜没派兵，而是派周文从南路进攻咸阳。周文是楚人，曾做过项燕的部将，略通兵法，在陈胜军中算是一个有文化的军人。从战略上看，从南路进攻咸阳，攻击秦朝老巢也是对的，但在当时则不可行，因为兵力不够强大，又战线太长，兵力分散容易被各个击破。周文一路上没遇到什么抵抗，一直打到函谷关，结果被章邯率领的秦军击败，周文自杀。周文兵败的消息传来，全军震惊，吴广不知是继续攻城好，还是撤退好。吴广部将田威主张留少量兵力牵制荥阳，以主力西进迎击秦军。他怕吴广不从，竟然诈称陈胜命令，杀掉吴广。陈胜不仅不追究田威的罪责，相反还任命他为上将，授楚令尹印，让他进攻章邯军队。结果，田威全军覆没。

章邯打败周文和田威的军队之后，直扑陈城。这时陈胜的主力已丧失殆尽，身边既无可用之将，也无可派之兵，左右都是一些庸碌之辈。陈胜虽然奋勇作战，终因众寡悬殊，陈城失守。陈胜率领残部经汝阳转战到下城府，最后被驾车的车夫杀死了。

不可固执己见

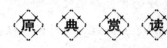

【原文】

节义①之人，济②以和衷③，才不启忿争④之路；功名之士承以谦德，方不开嫉妒之门。

——《菜根谭》

【注释】

①节义：节操义气。

②济：增加，增补。

③和衷：和睦同心。

④忿争：愤怒争执。

【译文】

一个有节操的人，看问题容易偏激，增加一些温和的想法与态度调剂，这样才不会和别人无谓地愤怒争斗；取得功名、事业有所成就的人，要保持谦虚的美德，这样才不会引起别人的嫉妒。

【原文】

舌存常见齿亡，刚强终不胜柔弱；户①朽未闻枢②蠹③，偏执岂能及圆融。

——《菜根谭》

第二章 明诚修心，以正视听

【注释】

①户：单扇门。

②枢：门轴。

③蠹：蛀蚀。宋·罗大经《鹤林玉露补遗》："是勤可以远淫辟地，户枢不蠹，流水不腐。"

【译文】

永远都是柔软的舌头还在，而坚硬的牙齿却已经脱落，可见刚强终究胜不过柔弱；往往门板腐烂了，而经常转动的门轴却从未被蛀蚀，如此看来偏颇固执怎么也及不上左右逢源、婉转圆通。

【原文】

当是非邪正之交，不可少①迁就，少迁就则失从违之正②；值利害得失之会，不可太分明，太分明则起趋避之私③。

——《菜根谭》

【注释】

①少：稍微。

②从违之正：顺从或违反的标准。

③趋避之私：靠近或躲开的私心。

【译文】

当人们处在区分是与非、正与邪的关键时刻，不能有丝毫的迁就。稍微有一点迁就，就会使人失去顺从还是违抗的标准；当人们处在利与害、得与失冲突的关键时刻，不能把利害得失区分得过于明确，过于明确的话会使人产生接近或者躲避的私心。

【原文】

执拗①者福轻，而圆融②之人其禄必厚；操切③者寿夭④，而

宽厚之士其年必长。故君子不言命，养性即所以立命；亦不言
天，尽人自可以回天。

——《菜根谭》

【注释】

①执拗：固执。

②圆融：不偏执，圆通。

③操切：急躁，做事时急躁严厉。

④寿夭：短命，寿命不长。夭，夭折，没有成年就死去了。

【译文】

性格过于偏执任性的人福气少，性格圆满融通不固执的人
福禄多；性格急躁严厉的人寿命短，性格宽厚温和的人寿命必
然长。所以，君子不说命，修身养性就是立命；君子也不谈论
天，做好自己责任内的事情，就可以挽回天命。

【原文】

昨日之非①不可留，留之则根烬②复萌，而尘情③终累④乎理
趣⑤；今日之是不可执，执之则渣滓⑥未化，而理趣反转为欲根。

——《菜根谭》

【注释】

①非：错误。

②烬：物体燃烧后剩下的部分。

③尘情：凡心俗情。

④累：拖累，连带。

⑤理趣：义理志趣。

⑥渣滓：精选提炼后的残渣。

【译文】

昨天犯的错误不可以保留，如果保留错误就有可能会再犯同
样错误，这样义理和志趣就会被世间的杂念俗情所拖累。今天正

确的东西也不可以执着不放，执着不放是心中的杂念等残渣还没有被彻底清除，这样就会使义理和志趣转变为欲望的根基。

家风故事

放下固执，迈向更深的领域

有一条河流从遥远的高山上流下来，流经很多个村庄与森林，最后它来到了一个沙漠。它想："我已经越过了重重的障碍，这次应该也可以越过这个沙漠吧！"当它决定越过这个沙漠的时候，它发现河水渐渐消失在泥沙之中，它试了一次又一次，却总是徒劳无功。

于是，它灰心了："也许这就是我的命运了，我永远也到不了传说中那个浩瀚的大海。"它颓废地自言自语。

这时候，四周响起了一阵低沉的声音："如果微风可以跨越沙漠，那么河流也可以。"原来这是沙漠发出的声音。

小河流很不服气地回答说："那是因为微风可以飞过沙漠，可是我却不可以。"

"因为你坚持你原来的样子，所以你永远无法跨越这个沙漠。你必须让微风带着你飞过这个沙漠，到达你的目的地。你只要愿意放弃你现在的样子，让自己蒸发到微风中。"沙漠用它低沉的声音这样说。

小河流从来不知道有这样的事情，"放弃我现在的样子，然后消失在微风中？不！不！"小河流无法接受这样的事情，毕竟它从未有这样的经验，叫它放弃自己现在的样子，那么不等于是自我毁灭了吗？"我怎么知道这是真的？"小河流这么问。

"微风可以把水汽包含在它之中，然后飘过沙漠，等到了适当的地点，它就把这些水汽释放出来，于是就变成了雨水。然后，这些雨水又会形成河流，继续向前进。"沙漠很有耐心地回答。

"那我还是原来的河流吗？"小河流问。

"可以说是，也可以说不是。"沙漠回答，"不管你是一条河流或是看不见的水蒸气，你内在的本质从来没有改变。你之所以会坚持你是一条河流，是因为你从来不知道自己内在的本质。"

此时小河流的心中，隐隐约约地想起了自己在变成河流之前，似乎也是由微风带着自己，飞到内陆某座高山的半山腰，然后变成雨水落下，才变成今日的河流。于是，小河流终于鼓起勇气，投入微风张开的双臂，消失在微风之中，让微风带着它，奔向它生命中的归宿。

固执于自我是我们迈向成功的绊脚石。我们的生命历程往往也像小河流一样，想要跨越生命中的障碍，达到某种程度的突破，向理想中的目标迈进，也需要有"放下自我（执着）"的智能与勇气，迈向未知的领域。

固执地坚守某一样事物，不愿有丝毫的改进，往往容易偏离目标，铸成大错。

有两只青蛙是好朋友。一只住在远离村庄的池塘里，另一只住在乡间小路旁的浅水沟里。当它们相约在一起晒太阳聊天时，住在池塘里的那只青蛙说："我的朋友，你快搬过来跟我一起住吧，我那里的水清澈干净，食物又丰富。"

"不，朋友，我的祖祖辈辈都住在这里，我舍不得离开。"

"可是，你住在浅水沟里太危险了，瞧，那么多马车从你家门口经过，你不觉得太吵了点儿吗？"

"哈……哈……哈，吵？"住在浅水沟里的青蛙大笑起来，"我亲爱的朋友，那马车轮发出的吱吱声，在我听来是那么美妙无比，有时我还把它当成催眠曲呢。"

"可是……可是，我觉得你还是应该搬出浅水沟……"

"不，我绝不离开……"

后来某一天，浅水沟里的青蛙正躺在浅水沟里欣赏那由远而近的车轮声时，却不曾想马车的车轮刚好碾过浅水沟，把它给轧死在车轮下了。

做人做事都不可以太固执，应该考虑接受他人的意见，因为没有一个人的思想总是正确无误的。执着地追求某一样东西，是需要智慧的，如果不切实际地坚持一己之见，不接受新事物，不愿做丝毫的改进，那么，所追求的目标肯定很难实现。

切忌偏听偏信

【原文】

毋因群疑①而阻②独见，毋任己意③而废人言。

——《菜根谭》

【注释】

①疑：怀疑。

②阻：阻碍。

③任己意：一意孤行。

【译文】

不要因为大家都表示怀疑就放弃自己正确的意见，不要一意孤行不听别人的劝谏。

【原文】

疑心胜者，见弓影而惊杯中之蛇，听人言而信市上之虎①。

——《菜根谭》

【注释】

①信市上之虎：市上本来没有虎，但是人们传说有虎，传说的人多了，大家就信以为真。据《战国策·魏策》："夫市之无虎明矣，然而三人言而成虎。"形容任何事情经过多人传说，

本来不存在的事情，人们也信以为真。

【译文】

疑心过盛的人，看见弓影就惊吓地以为是酒杯中的蛇，听到人言就相信市上有虎。

【原文】

毋偏信①，而为奸所欺；毋自任②，而为气③所使；毋以己之长，而形④人之短；毋因己之拙，而忌⑤人之能。

——《菜根谭》

【注释】

①偏信：只相信一方，不全面了解问题。

②自任：过于自信，刚愎自用。

③气：一时意气。

④形：对比，衬托。

⑤忌：嫉妒，畏惧。

【译文】

不要误信别人的片面之词，以避免被奸诈小人所欺骗；不要过于相信自己的能力，以避免被一时意气所支使；不要用自己的长处去衬托别人的短处；不要因为自己的笨拙而去嫉妒憎恶别人的才干。

【原文】

闻恶①不可就恶，恐为谗②夫泄怒；闻善不可即亲，恐引奸人进身。

——《菜根谭》

【注释】

①恶：恶行。

②谗：谗言。

第二章 明诚修心，以正视听

【译文】

听到人家有恶行，不能马上就起厌恶之心，要仔细判断，看是否有人故意诬陷泄愤；听说别人的善行不要立刻相信并去亲近他，以防有奸邪的人作为谋求升官的手段。

家 风 故 事

武则天明辨是非

武则天当政时期，曾下诏禁止天下屠杀牲灵、捕捞鱼虾，弄得王公大臣宴请宾客只能吃素席，不敢带有一点荤腥。

朝中有个叫张德的人，官为左拾遗，一贯受到武则天的信任。在他儿子出生后的第三天，亲友、同僚纷纷前去祝贺。张德觉得席上都是素菜实在过意不去，便偷偷地派人杀了一只羊，做了一些带肉的菜，并包了一些羊肉包子让大家吃。

也许是这些亲朋好友与同僚好久没有吃到荤腥味了，见席上有肉，便来了兴致，把酒临风，猜拳行令，好不热闹。三个时辰过去，大家酒足饭饱，各自回去。张德心中自然也十分高兴。不料，在他的同僚中有个叫杜肃的人，官拜补阙，见席上有肉，认为张德违反了皇帝的旨意，顿生恶意。临散席时，他悄悄将两个肉包子揣在怀中。散席之后，便到武则天那里告了黑状。

第二天早朝，武则天处理完政事之后，突然对左拾遗张德说："听说你生了个儿子，我特向你表示祝贺。"张德叩头拜谢。武则天又说："你那席上的肉是从哪里来的？"张德一听，吓得浑身哆嗦，他知道，违诏杀生是要犯死罪的，故连连否认道："为臣不敢！为臣不敢！"武则天见状，微微笑道："你说不敢，看看这是什么？"说着，便命人将杜肃写的告状奏章和两个肉包子递给了张德。张德一见，面如蜡纸，不住地叩头说："臣下该死！臣下该死！"此时告状的杜肃，站在一旁扬扬得意，专等封赏。

武则天对这一切早已看在眼中，稍稍一停，便对张德说："张德听旨：朕下诏禁止屠杀牲畜，红白喜事皆不准腥荤。今念你忠心耿耿，又是初犯，也就不治你罪了。"

张德听后高声喊道："谢主隆恩！谢主隆恩！"而杜肃却惊得瞪大了眼睛。只听武则天又道："不过，张德你要接受教训，今后如再请客，可要选择好客人，像杜肃这种好告黑状的人，可不要再请了！"一时间，张德感激得痛哭失声，诸大臣见武则天如此忠奸分明，不信谗言，用人不疑，便一起跪倒在地，高呼："吾皇万岁！万岁！万万岁！"而那个告状的杜肃，在众人不屑一顾的目光下，羞愧得无地自容，武则天"退朝"二字刚一落音，便赶紧溜走了。

武则天听闻张德的行为后，没有急于处罚他，而在查明原因之后宽恕了他；对于背后损人利己的杜肃，武则天也洞悉了他的私心，没有封赏这种见利忘义的小人。这份明察之功自非常人能及。

古人有一句话叫"木先伐，甘井先竭"，意思是人们多选择挺直的树木来砍伐，水井则是涌出甘甜井水者先干涸。由此观之，人才的选用也有同样的规律。有一些才华横溢、锋芒太露的人，虽然容易得到重用提拔，可是也容易遭到谗害。怎样才能留住自己手下的人才，不被别有用心之人所利用，这就需要领导者具有闻恶防谗、闻善防奸的智慧了。

第二章 明诚修心，以正视听

第三章

传诚守孝，勿施逆行

百善孝为先，孝是我们中华民族永远不可丢弃的最美品德。供养父母，善待老人，尊师敬长，友爱兄弟，这些都可谓孝行。但在我们的身边，不孝的行为也屡见不鲜。有时是明知故犯，有时却是无心之失。孝行是人之根本，不孝无法成为真正的人。让我们传诚守孝，让孝行的美德继续得以传承。

不孝不悌枉为人

【原文】

孝①悌②是人之本，不孝不悌，便不成人了。

——姚舜牧 《药言》

【注释】

①孝：孝顺。

②悌：对兄弟的友爱。

【译文】

对父母的孝顺、对兄弟的友爱是做人的根本，如果对父母不孝顺、对兄弟不友爱，便是没有明白做人的道理，算不上是真正的人。

【原文】

孝子不服暗①，不登危，惧辱亲②也。父母存，不许友以死③，不有私财。为人子者，父母存，冠衣不纯④素。孤子⑤当室，冠衣不纯采。

——《礼记》

【注释】

①不服暗：不做隐瞒父母的事情。

②惧辱亲：对父母隐瞒和登高到危险的地方，这些行为都是辱亲的。

③不许友以死：不做替朋友卖命的事情。

④纯：与"准"同音，指的是衣服上的花边。

⑤孤子：年轻时丧父的人。

【译文】

孝顺之子，不隐瞒父母，亦不得行险以图侥幸对父母隐瞒和登高到危险的地方。这些行为都是辱亲的。父母活着不可以替朋友卖命，也不可以有自己的私蓄。作为子女，当父母活着时，戴的帽，穿的衣，不能用素色镶边，因为那样很像居丧。不过，没有父亲的孤子，如果是他当家，则他的冠衣可以带素而不用采缋镶边，因为那是显示他持久的哀思。

【原文】

事亲者，居上不骄，为下不乱，在丑①不争。居上而骄则亡，为下而乱则刑，在丑而争则兵。三者不除，虽日用三牲②之养，犹为不孝也③。

——《孝经》

【注释】

①在丑：处于低贱地位的人。丑，众，卑贱之人。

②三牲：牛、羊、猪。旧俗一牛、一羊、一猪称为"太牢"，是最高等级的宴会或祭祀的标准。说每天杀牛、羊、猪三牲来奉养父母，这是极而言之的说法。

③犹为不孝也：如果不能去除前面所说的三种行为，即"居上而骄""为下而乱""在丑而争"，那么都将造成生命危险，使父母忧虑担心，因此，这样的人就不能算作孝子。

【译文】

侍奉双亲，身居高位，不骄傲恣肆；为人臣下，不犯上作乱；地位卑贱，不相互争斗。身居高位而骄傲恣肆，就会灭亡；为人臣下而犯上作乱，就会受到刑戮；地位卑贱而争斗不休，就会动用兵器，相互残杀。如果这三种行为不能去除，虽然天天用备有牛、羊、猪三牲的美味佳肴奉养双亲，那也不能算是行孝啊！

【原文】

从长者而上丘陵①，则必乡②长者所视。登城不指，城上不呼③。

——《礼记》

【注释】

①丘陵：地势高的地方。

②乡：与"向"同，朝向的意思。

③登城不指，城上不呼：古人登城，不随便指示方向，害怕迷惑众人；也不大呼小叫，害怕把人惊吓住。

【译文】

与长辈登上山坡时，要朝着长辈之视方而视，预备长者对那目标有所问。登上城墙，不要指手画脚，在城墙上更不可大呼小叫，那样会扰乱别人的听闻。

【原文】

父有争子，则身不陷于不义。故当不义，则子不可以不争于父，臣不可以不争于君；故当不义，则争之。从父之令，又焉得为孝乎！

——《孝经》

【译文】

父亲身边有敢于直言劝谏的儿子，那么他就不会陷入错误之中，干出不义的事情。所以，如果父亲有不义的行为，做儿子的不能够不去劝谏；如果君王有不义的行为，做臣僚的不能够不去劝谏；面对不义的行为，一定要劝谏。一味听从父亲的命令，又哪里能算得上是孝呢！

【原文】

人之事兄，不可①同于事父，何怨爱弟不及爱子乎？是反照而不明也。沛国刘琎，尝与兄王瓛连栋隔壁，瓛呼之数声不应，良久方答；瓛怪问之，乃曰："向来②未着衣帽故也。"以此事兄，可以免矣。

——《颜氏家训》

【注释】

①可：肯，两字可互相解释。

②向来：刚才。

【译文】

人们侍奉兄长，不肯像侍奉父亲那样，那又怎么能怨恨哥哥怜爱弟弟不如疼爱自己的儿子呢？这是由于能清醒地将心比心造成的。沛国的刘琎，曾经和哥哥刘瓛隔墙而住，有一次哥哥呼唤弟弟，叫了几声没有听到回应，弟弟过了很久才有应答。刘瓛觉得奇怪，就问他原因，刘琎回答说："刚才是因为我没有穿戴好衣帽的缘故。"都像刘琎这样敬事兄长，那么就可以免除抱怨了。

家风故事

孟宗哭竹

三国时，有一个著名的孝子，叫孟宗。他自幼丧父，与母亲相依为命，是母亲一手把他带大的。虽然生活困苦，母亲还是尽力设法让他读诗书，学礼仪。然而小孟宗却喜欢到处游山玩水，调皮撒野，不喜欢学习诗书和礼仪。母亲为了让小孟宗专心读书，让小孟宗和读书人结识，向他们学习，以便将来能出人头地。

第二章 传诚守孝，勿施逆行

每次县试（县内举行的考试）都会有很多考生来到孟宗居住的地方参加考试。他们其中也有很多和孟宗一样贫困的考生，没有钱住客栈。于是，孟宗的母亲就请他们到家里来住，她还特地缝了一条很大的被子，每次都让小孟宗给考生们送去。但小孟宗不肯送，可母亲的吩咐又不能违背，而且他觉得这被子太重太大了，于是，他就想了一个办法，把这床大被子剪成刚好能盖住自己身体的许多小被子，然后一一给考生们送去。

母亲知道这件事后，并没有责罚他，而是将那些小被子又收集起来，花了整整两天时间，把它们又重新缝成一床大被子。她还告诉小孟宗，这样的大被子可以给更多的人取暖。她对那些考生说："我的孩子好心办坏事，他不知道怎样招待你们，但是他仰慕你们的品德和学问，我把这被子缝好了，以表达我的孩子对你们的敬意。"从此以后，孟母的名声传遍了各地。

小孟宗那时并不明白母亲的苦心和用意，等他长大了之后才明白过来，于是，他努力地学习诗书和礼仪，终于没有辜负母亲的一片苦心。他觉得自己欠母亲的地方太多了，以后一定要好好孝顺母亲。

就在那年冬天，母亲病倒了，在床上躺了很多天，吃了很多药也不见效，而且什么东西都不想吃，身体越来越虚弱。可有一天，她突然对孟宗说："孩子，我好几天都没进食了，现在想喝点笋尖汤。"

孟宗听母亲说想吃东西，心里非常高兴，能吃东西，想必这病是要转好了。可转念一想，他又皱起眉头来了，这寒冬时节，哪里有竹笋呢？他多么想明天就是春天啊。

母亲看儿子皱着眉头，便说："唉，我是病糊涂了，现在哪有竹笋呢，算了吧！"

孟宗马上舒展眉头说："母亲，请您耐心等待，我马上就去找笋尖来给您炖汤喝。"

孟宗走到门外，便觉天冷得厉害，寒风呼啸，树木枝叶凋零，花草衰败，毫无春天的生机可言。可是母亲要喝笋尖汤，他必须满足母亲的愿望。于是他扛着斧头和铲子向山里走去，没走多久，就下起大雪来了，他只好冒着风雪前行，好不容易找到一片竹林，可竹林已经被厚厚的白雪覆盖了。

孟宗看到这厚厚的白雪，内心不禁又惆怅起来：天啊，连绿色的竹叶都看不到，到哪儿找新发芽的笋尖呢？老天爷可怜可怜我母亲吧！转而又想：若是母亲因为喝不到笋尖汤而病重不治，我于心何安呀？

想到母亲，他又鼓足勇气，对自己说："我为何不试一下呢，一寸一寸地挖下去，说不定就能挖到笋尖呢。"

他拿着铲子就这样一铲一铲地挖着，可是土被冻得像岩石一样硬，一直挖到精疲力竭，他仍然没有看到笋尖的影子。这时的他，又想起了病床上的母亲，想象着母亲看到儿子带着笋尖回来那高兴的样子。可是自己让母亲失望了，想到这，孟宗望着自己挖的土坑，不禁放声痛哭起来，越哭越伤心。

他就这样哭着，也许是他的孝心把老天爷感动了，当他睁开泪眼往地上看时，奇迹出现了：他面前的冰慢慢融化，那坚硬的冰土也变成了软泥，软泥中竟然有绿笋尖冒了出来。

孟宗不敢相信自己的眼睛，他跑上前拔出一个笋尖来，摸了摸，可不是吗？这正是笋尖！孟宗抑制不住内心的喜悦和感激之情，竟破涕为笑，他朝着上天拜了几下，说："感谢上苍，感谢您的仁慈和恩典。"

他赶紧挖出软泥中的笋尖，跑回去给母亲炖汤喝。母亲见到他真的找到了笋尖，病差不多好了一半，喝过笋汤之后，病竟然痊愈了。

从此以后，孟宗更加努力学习诗书和礼仪，终于成为一名著名的学者和朝廷重臣，报母亲养育之恩，为国效力，福泽百姓。

不敬尊长乱常伦

【原文】

伦常乖舛①，立见消亡。

——《朱子家训》

【注释】

①舛：错误。

【译文】

乱了伦理常规的，很快就会消亡。

【原文】

毋不敬①，俨②若思，安定辞③。安民哉!

——《礼记》

【注释】

①敬：尊敬，严肃。

②俨：与"严"同，端正、庄重之意。

③辞：所说的话。

【译文】

凡事都不要不恭敬，态度要端庄持重而若有所思；言辞要详审而确定。这样才能够使人信服。

【原文】

忠信笃敬①，是一生做人根本。若弟子在家庭，不敬信②父兄，在学堂，不敬信师友，欺诈傲慢，习以成性，望其读书明义理，向后长进难矣。欺诈与否，于语言见之；傲慢与否，于动止见之，不可掩也。自以为得，则害己；诱人出此，则害人。害己必至害人。害人适以害己。人家生此子弟，是大不幸。戒之戒之。

——张履祥《张园先生全集》

【注释】

①笃敬：真诚，纯一。

②敬信：尊重崇信。

【译文】

忠诚守信用，笃实有礼貌，是一个人一生做人的根本。倘若子弟在家里，不尊敬、信任父亲和兄长；在学校，不敬重、崇信教师和朋友，反而欺诈傲慢，慢慢养成习惯，成为本性。再去期望他努力读书，深明义理，日后有长进，就是很困难的事情了。是否欺诈，在言语中就能够发现；是否傲慢，在行为举止上就能够看出来，是掩饰不住的。自以为是，则害了自己；引诱别人这样，则害了别人。害己的结果必然导致害人，害人恰恰是害了自己。一个家庭有了这种子弟，是大不幸。希望你对此加以戒备，加以戒备！

【原文】

五刑之属三千，而罪莫大于不孝。要①君者无上②，非③圣人者无法④，非孝者无亲⑤。此大乱之道也。

——《孝经》

第三章 传诚守孝，勿施逆行

125

【注释】

①要：以暴力要挟、威胁。

②无上：藐视君长，目无君长，即反对或侵凌君长。

③非：非议，诽谤。

④无法：藐视法纪，目无法纪，即反对或破坏法纪。

⑤无亲：藐视父母，目无父母，即对父母没有亲爱之心而为非作歹。

【译文】

墨、剕、刖、宫、大辟五种刑法的罪有三千种，最严重的罪是不孝。以暴力威胁君王的人，叫作目无君王；非难、反对圣人的人，叫作目无法纪；非难、反对孝行的人，叫作目无父母。这三种人，是造成天下大乱的根源。

家 风 故 事

闵子骞原谅继母

闵子骞是春秋时期的人。他两三岁时，母亲就因病去世了。父亲一个人拉扯着这么小的孩子，日子实在不好过。后来，父亲又娶了一个妻子，闵子骞就有了一个继母。

家里有了一位主妇，生活显然就大不一样了。继母很会操持家务，屋里屋外收拾得井井有条。闵子骞挺喜欢继母的，继母也对闵子骞不错，一家人过得还算和睦。

可是，后来事情发生了变化，继母不再疼爱闵子骞，反而处处虐待他。原因不是别的，只因为继母生下两个儿子。继母把亲生儿子当作宝贝，捧在手里怕吓着，含在嘴里怕化了，百般娇惯，异常宠爱。而对闵子骞，就越看越不顺眼，从心眼儿里讨厌他，少不了对他百般挑剔，横加责难。

弟弟们还小的时候，继母经常让闵子骞帮着照看孩子。

"还不快背弟弟出去玩会儿。"继母吩咐闵子骞。

闵子骞背上背着一个，手里牵着一个，带两个弟弟到街口玩耍。小弟顽皮，下地乱跑，一不小心摔倒在地，"哇"地哭了起来。继母赶来，也不问青红皂白，"叭"的一掌打在闵子骞脸上，嘴里还不停地训斥：

"你是怎么照看弟弟的！要你有什么用！"

闵子骞揉着红肿的脸，泪水在眼眶里打转。

闵子骞的个头刚刚能担得起水桶，继母就让他给家里挑水。除此以外，他还得打柴、烧火、做饭、洗衣，家务活差不多都落在他的肩上。照继母的说法是："这么大小伙子，怎么能白吃闲饭。"可他那两个弟弟，不但不干一点活儿，还常常给他捣乱。

闵子骞倒不在乎干多少活儿，他既能吃苦又肯干，家务活儿对他来说不算什么。他忍受不了的，是继母对他的无理责难。

他刚扫完院子，继母拾起一片落叶，叨叨唠唠说他没扫干净。

他打柴回来晚一点儿，继母说他路上贪玩，故意耽搁时间。

闵子骞想把自己的委屈告诉父亲，可他见父亲终日操劳，已经够辛苦的了，不忍心再用这些事情打扰父亲，给父亲增添烦恼。于是，他就把委屈咽到肚子里去。

更使闵子骞伤心的是，继母时常在父亲那里说他的坏话，天长日久，父亲竟然相信了继母的话，对闵子骞的印象越来越坏。

"你瞧这个孩子，我跟他说过多少次了，让他对我要有礼貌，他就是不听，真是个犟种。"继母对父亲说。

父亲立即唤来闵子骞，"还不快给你娘赔罪。"他命令道。

闵子骞不明白，怎么父亲也跟自己疏远了。

这年冬天，继母给一家人做了新棉衣。她给两个亲儿子做的棉衣是丝棉的，不太厚，却非常暖和。给闵子骞做的棉衣用的是芦花，这芦花又松又软，做成棉衣，看上去很厚实，但一点儿也不暖和。

这一天，纷纷扬扬下着大雪。闵子骞又去打柴。北风呼呼地吹着，

第三章 传诚守孝，勿施逆行

吹透了他的芦花棉衣，他冻得浑身发抖，双手都僵了，连捆柴的绳子也攥不住。

等他背着一捆柴回到家，两个弟弟正兴高采烈地打雪仗玩。闵子骞一失手，柴捆散落地上，他连忙弯腰去拾，可浑身哆哆嗦嗦怎么也拾不起来。

这时，父亲走了过来，见两个弟弟穿那么薄，并不觉得冷，在雪地里欢蹦乱跳，而闵子骞穿这么厚还冻得发抖，顿时来了气。

"我要教训教训你这没有出息的孩子！"

他抄起一根皮鞭照闵子骞抽去。鞭子抽破了闵子骞的棉衣，里面的芦花飞了出来。

望着四处飘散的芦花，父亲惊呆了，他这才知道错怪了儿子，一把将儿子抱在怀里，禁不住痛哭失声：

"孩子，爹对不起你，对不起你呀！"

他把妻子揪到闵子骞的面前，责问她：

"看看你做的好事！你就是这么对待我的儿子的吗？你还有一点人性吗？"

父亲不能容忍妻子的这种行为，他决定休掉妻子。

"你给自己的亲生儿子做丝棉棉袄，给我的子骞做芦花棉袄，你还像个母亲吗？我不能再要你了，我这就写一封休书，送你回娘家去。"

继母听罢哭了起来："你不要休掉我，不要赶我走！这让我怎么有脸活下去呢！"

"哼，早知今日，何必当初。"父亲并不听继母的哭诉，转身进屋去写休书。

这时，闵子骞走到父亲身前，"嗵"地跪下了："父亲，请不要赶走母亲。"

父亲一听，顿时愣住了。继母也惊愕不已。

"孩儿，你怎么这样说？"父亲不解地问。

"父亲，孩儿是想，母亲在这儿，只有我一个人受冻。母亲若是走了，两个弟弟由谁照看？他们岂不是也要受冻吗？您可不能为了我一个人而让两个弟弟受苦啊!"

闵子骞的一番话，说得父亲流下了热泪，说得继母痛哭不已。多好的孩子! 他受冻受苦，非但没有怨言，还能替两个弟弟着想，他的心太好了。

看在闵子骞求情的份上，父亲原谅了继母，不再赶她走。而继母也被闵子骞感动了，承认了自己的过错，并决心改正错误。从此，这一家人和睦相处，生活得很好。

不要受避讳束缚

【原文】

《礼》曰："见似目瞿①，闻②名③心瞿。"有所感触，恻④怆⑤心眼；若在从容平常之地，幸须申其情耳。必不可避，亦当忍之。犹如伯叔⑥兄弟，酷类先人，可得终身肠断，与之绝耶？又："临文不讳⑦，庙中无讳，君所不私讳。"益知闻名，须有消息⑧，不必期⑨于颠沛⑩而走也。梁世谢举⑪，甚有声誉，闻讳必哭，为世所讥。又有臧逢世，臧严⑫之子也，笃学修行，不坠门风；孝元经牧江州⑬，遣往建昌⑭督事，郡县民庶⑮，竟修⑯笺⑰书，朝夕辐辏⑱，几案盈积，书有称"严寒"者，必对之流涕，不省⑲取记⑳，多废公事。物情㉑怨骇，竟以不办㉒而退。此并过事也。

——《颜氏家训》

【注释】

①瞿：看到与自己父母相像的人感到吃惊的样子。

②闻：听到。

③名：名字。

④恻：凄恻，伤痛。

⑤怆：凄怆，伤悲。

⑥伯叔：伯、仲、叔、季是兄弟间的长幼次序，伯为最大，季为最小。

⑦讳：古人对君主及父祖尊长之名不能说，不能写，不能问，这叫避讳。

⑧消息：斟酌。

⑨期：一定要。

⑩颠沛：困顿窘迫，这里指听到先人名字趋避的窘态。

⑪谢举：南朝萧梁文士。

⑫臧严：萧梁文士。

⑬孝元经牧江州：孝元是梁元帝萧绎。经牧，经营治理。

⑭建昌：江州（今九江）的属县，在今九江和南昌之间。

⑮民庶：民众。

⑯修：撰写。

⑰笺：书信。

⑱辐辏：本义是指车辐凑集于毂上，这里指集中、聚集。

⑲省：察看。

⑳记：书信。

㉑物情：即人情，群众意见。

㉒不办：不称职，不办事。

【译文】

《礼记》上说："见到与父母容貌相似的人就口呆目惊，听到已亡父母的名字就心惊胆怯。"这是因为有所感触，心里生发伤悲之情。如果是在平常时候平常地方，还可以宣泄这种情感，但是在对方确实无法回避的时候，则应当忍耐。例如伯叔兄弟，相貌酷似过世父母的，难道可以因为见了面总是悲伤而终身与他们断绝交往吗？《礼记》上还说过："写文章可不避讳，在宗庙祭祀不用避讳，在国君那儿不避讳。"由此更应明白，当听到先辈们的名讳时，应该有所考虑，不一定要一听到就避之而唯恐不及。梁代的谢举，很有名声，但当他听到父亲的名讳时，便一定要大哭，因此被世人取笑。还有臧逢世，臧严的儿子，学习、修养品行，都不失书宦人家的门风。孝元帝治理江州时，派遣臧逢世到建昌去办事。当地百姓纷纷写信来函，信函集中到官府，公文堆满了案桌，臧逢世遇到上面有"严寒"字样的文书，一定痛哭流涕，就不再查看、记录公文了，多次耽误了公事。群众对此很有怨气和意见，他最终因为不称职而被罢免。这都是过分讲究避讳所致。

【原文】

近在扬都①，有一士人讳审，而与沈氏交结周厚，沈与其书，名而不姓②，此非人情也。

——《颜氏家训》

【注释】

①扬都：南北朝时习惯称建康（今江苏南京）为扬都。

②名而不姓：因避讳"沈"与"审"同音，只写上名而不写姓沈。

【译文】

最近在扬州，有一士人避讳"审"字，而这士人又与一姓沈的人交情很深。沈姓的朋友给他写信时，就为避他的名讳，只写自己的名而不写上姓，这有点不近人情。

【原文】

今人避讳，更急于古。凡名子者，当为孙地①。吾亲识中有讳裏，讳友，讳同，讳清，讳和，讳禹，交疏②造次③，一座百犯，闻者辛苦，无僇赖焉。

——《颜氏家训》

【注释】

①当为孙地：应当为孙辈着想。因为给儿子取的名，孙辈就要避讳，就会为孙辈增加麻烦和苦恼。

②交疏：交情疏浅。

③造次：仓促。

【译文】

现代人避讳，比古人还讲究，所以在给儿子取名时，就应该为孙辈们着想。在我的亲友当中，有讳"裏、友、同、清、和、禹"等常用字的。交情疏浅的人仓促接触，很容易就冒犯在座某位的名讳，听的人就将感到辛酸悲苦，无所适从。

【原文】

人有忧疾，则呼天地父母，自古而然。今世讳避，触途①急切。而江东士庶，痛则称祢②。祢是父之庙号，父在无容称庙，父殁何容辄呼？《仓颉篇》有"傛"字，《训诂》云："痛而讴也，音羽罪反③。"今北人痛则呼之。《声类》④音于未反，今南人痛或呼之。此二音随其乡俗，并可行也。

——《颜氏家训》

【注释】

①触途：也作"触处"，到处，处处。

②祢：亡父在宗庙中立主之称。

③音羽罪反："反切"是古代一种注音方法，取反切上字的声母和反切下字的韵母、声调合为字的读音。

④《声类》：一本关于音韵方面的书。

人有忧愁疾苦，就喊天地父母，自古都是这样。现在的人讲究避讳，认为这样叫严重犯了忌讳。但是江东的士人和庶民，他们痛苦时则呼"祢"。这"祢"是父亲的庙号，父亲在世时不允许称呼他的庙号，死了怎么又允许这样称呼呢？《仓颉篇》中有个"侑"字，《训诂》上说："这是痛苦时的呼喊，音为羽罪反。"现在的北方人痛苦时就喊这个音。《声类》则把音注作于未反，江南人痛苦时可能喊这个音。这个字的两个音依照各自的乡俗，可以通用。

【原文】

古者，名以正体①，字以表德②。名终则讳之，字乃可以为孙氏③。孔子弟子记事者，皆称仲尼④；吕后⑤微⑥时，尝字高祖为季；至汉爰种⑦，字其叔父曰丝；王丹与侯霸子语，字霸为君房⑧；江南至今不讳字也。河北士人全不辨之，名亦呼为字，字固呼为字。尚书王元景⑨兄弟，皆⑩号名人，其父名云，字罗汉，一皆讳之。其余不足怪也。

——《颜氏家训》

【注释】

①正体：表明自身。

②表德：表示德行。

③为孙氏：用来作为孙辈的氏。氏为姓的分支，表明宗族的称号，秦汉以来姓与氏通用。

④仲尼：孔子的字。

⑤吕后：汉高祖刘邦的妻子吕雉。

⑥微：地位低。

⑦爰种：西汉爰盎的侄子。

⑧君房：侯霸的字。

⑨王元景：北齐官吏王昕，字元景，为人好学。

⑩皆：一概。

【译文】

古人，名用来表明特定的自身，字则用来表明德行。名在人死后就要避讳它，字却可以用来做孙辈的氏。孔子的弟子记述孔子的言行时，就都把孔子称为仲尼；吕后在地位低下时，用刘邦的字"季"来称呼刘邦；汉人爰种，也用叔父的字"丝"来称呼叔父；王丹和侯霸的儿子谈话，也直接用侯霸的字"君房"。江南人至今不避讳字。而河北的士人则完全不分名和字，名也叫字，字也叫字。尚书王元景兄弟都被称作名人，他们的父亲名云，字罗汉，他们一概加以避讳，其余人的各种避讳就更不足怪了。

家 风 故 事

穆赢据理力争保太子

春秋时，晋国君主晋襄公早亡，而太子夷皋年龄太小，什么也不懂，再加上没有什么实力，根本控制不了局势。大臣们见太子位子难保，私下里积极活动起来，希望重新立自己控制的皇子为太子。朝内一片混乱。

在大臣中，有两人的势力最大，竞争也最激烈。这两人就是赵盾和贾季。赵盾想立襄公的弟弟公子雍，而贾季想立襄公的另一个弟弟公子乐。两人明争暗斗，互挖墙脚。但当时两公子都不在晋国，必须从国外将他们接回来。

贾季派人到陈国接公子乐，他行动迅速，走在赵盾前面。眼看公子乐就要回到晋国，赵盾岂能善罢甘休！他派人跟在公子乐回国队伍的后面，找机会将公子乐杀死了。公子乐死后，赵盾不慌不忙地派人前往秦国迎接公子雍。为安全起见，秦国派军队护送公子雍上路。

公子乐一死，贾季知道大势已去，也不再与赵盾争权。看来，公子雍做国君大局已定。襄公夫人穆赢作为一个弱女子，也无计可施，只能看着自己的儿子夷皋失去继承君位的机会，而且极可能遭到暗算。但是，做母亲的本能使她拼命想保全自己的儿子。她也没什么办法，只能哀求，争取感化大臣。

每次群臣朝会议事，穆嬴就抱着儿子在朝堂上痛哭，说："先君到底有什么过失？年幼的太子有什么罪？太子虽然还小，但总还是先君亲自册立的，难道说废就可以废掉吗？废掉太子而迎立新君，你们眼里还有先君吗？你们不怕坏了祖制吗？"说到伤心处，穆嬴掩面而泣。

太子什么事也不懂，但也跟着放声大哭。母子抱头痛哭，场面非常凄惨。群臣看了，也有些不忍，逐渐有了点心虚的感觉。

穆嬴还经常抱着太子到赵盾家中，以情动之，对他说："先君那么器重你，临终时将太子托付于你。当时的场面，妾身还记得清清楚楚。先君正因为你答应照顾太子，他才放心地去了。如今废掉太子，难道你不想想先君的重托吗？大丈夫岂能不忠，又岂能无信？"

赵盾听了，也感到自己太过分了。如果真这样做的话，势必会落个不忠不信的名声。再说这样下去，人心惶恐，势必天下大乱。自己拥立的新君名不正言不顺，怕也难以服众。于是他和群臣商量，派军队阻止护送公子雍的军队，不许他们入境，仍然立太子夷皋为君。

溺爱偏宠不可取

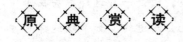

【原文】

　　妇人之性，率宠子婿而虐儿妇。宠婿，则兄弟之怨生焉；虐妇，则姊妹之谗行焉。然则女之行留，皆得罪于其家者，母实为之。至有谚云："落索①阿姑②餐。"此其相报也。家之常弊，可不诫哉！

——《颜氏家训》

【注释】

①落索：当时俗语，冷落萧索。

②阿姑：婆婆。

【译文】

妇人的秉性，一般都是宠爱女婿而虐待媳妇。宠爱女婿，很容易导致儿子产生不满；虐待儿媳，就容易听信女儿的谗言。女儿不论是嫁女还是娶儿媳，都会得罪家里人，这其实是母亲造成的。有谚语说："婆婆只能孤独地用餐。"这是她应得的报应啊！这是一般家庭中常有的弊端，不能不警惕啊！

【原文】

父母于子，虽肝肠腐烂，为其掩避，不欲使乡党①士友②闻其罪过。然行之不改，久矣人自知之。用此任官，不亦难乎？

——曹丕《诫子》

【注释】

①乡党：周朝制度以五百家为党，一万二千五百家为乡，后因以"乡党"泛指乡里。

②士友：这里指朋友。

【译文】

父母对于子女，即使费尽心思，也要为他们遮掩隐蔽，为了不使乡党、朋友知道他们的过错，但是一直这样下去孩子还是不知悔改，时间长了人们自然也会知道的。如果以这样的方法来任用官吏，不也是很难的吗？

【原文】

汝幼少未闻义，方早为人君，但知乐而不知苦，不知苦，必将以骄奢为失也。接大臣务以礼，虽非大臣，老者，犹宜答拜。事兄以敬，恤弟以慈。兄弟有不良之行，当造膝①谏之；谏之不从，流涕喻之；喻之不改，乃白其母；若犹不改，当以奏闻，并辞国土。与其守宠罹祸②，不若贫贱全身也。此亦谓大罪恶耳。其微过细故当掩覆之。

——《三国志·中山恭王衮传》

【注释】

①造膝：走到跟前。造，来到。

②罹祸：遭到灾祸。

【译文】

你小时候没有接受义礼的教育，就早早当了亲王，只知道快乐，却不知道困苦，不知困苦，一定会因为骄横奢侈之类而犯下过失。接待大臣一定要以礼相待，即使不是大臣，是年老的人，也要以适宜的礼节回拜。侍奉兄长要尊敬，关心弟弟要慈爱。兄弟如果有不好的行为，应当走到跟前，私下规劝他；规劝还不改正，应该痛哭流涕，给他解释让他明白利害；解释明白还是不改，就要告诉你们的母亲；如果还不知悔改，应当禀奏给我让我听，我就剥夺他的领地。与其宠溺他而使他遭受灾祸，还不如让他贫贱而保全性命呢。这也是对于那些重大错误而言的。至于那些细枝末节的过错，应当为他遮掩起来。

家风故事

郑伯克段于鄢

春秋时，郑国郑武公的儿子寤生继位为君，他就是有名的郑庄公。他的母亲姜氏偏爱庄公的弟弟共叔段，便请庄公将京城封给共叔段。公子吕知道后，劝告郑庄公说："京是郑国的都城，俗话说天无二日，国无二君，这个地方怎么能封给他呢？请您另外选一块地方封赏。"郑庄公故作无奈地说："这是国母的意见，不答应恐怕不行。"

共叔段到达封地京城后，自恃有母后这座大靠山，便开始胡作非为，无所顾忌，根本不把哥哥庄公放在眼里。公子吕看到这种情况后，便敦请庄公发兵讨伐他。庄公说："他的罪恶目前还不显著，这样去讨伐他恐怕还未到时机。暂且再等一段时间，等他多行不义再去讨伐，就名正言顺了。"共叔段这时已准备发动叛乱，郑庄公得知后认为时机已到，高兴地说："现在终于可以除掉这个眼中钉了。"

于是，他假意去朝见周天子，暗中却调兵遣将。共叔段不知是计，以为天赐良机，便同母后姜氏密谋，乘庄公离开京城之际，趁机发动兵变想篡夺君位。正在他们得意的时候，郑庄公早已抄近路发兵攻取京城，并迅速攻占了京城，共叔段见大势已去，只好逃到鄢城避难，郑庄公不依不饶派兵追杀，并将母后姜氏也打入冷宫。

家人不和事难成

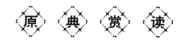

【原文】

兄弟不睦，则子侄不爱；子侄不爱，则群从①疏薄；群从疏薄，则僮仆为仇敌矣。如此，则行路②皆踏③其面而蹈④其心，谁救之哉？

——《颜氏家训》

【注释】

①群从：同族子弟。

②行路：行路之人，指陌生人。

③踏：践踏。

④蹈：踩。

【译文】

兄弟之间不和睦，那么子侄们将不相互爱护；子侄间不相爱又会导致同族子弟都互相疏远淡薄，同族子孙疏远了，那么他们的僮仆将成为仇敌。这样的话，即使是陌路人也敢任意欺凌你，还有谁会来援救你呢？

【原文】

尔①之远②矣，民胥然③矣。尔之教④矣，民胥效矣。此⑤令⑥兄弟，绰绰⑦有裕⑧。不令⑨兄弟，交相为瘉⑩。民之无良⑪，相怨一方⑫。受爵⑬不让⑭，至于己斯亡。

——《诗经·小雅·角弓》

【注释】

①尔：你们。

②远：疏远。

③胥然：都会这样。胥，都。

④教：教导，这里指带头。

⑤此：语气词。

⑥令：善，指兄弟友善。

⑦绰绰：宽裕的样子。

⑧裕：有余。

⑨不令：不善，指兄弟不和。

⑩交相为瘉：相互嫉恨、诟病。瘉，又作"愈"，指诟病、嫉恨。

⑪无良：不善。

⑫一方：另一方，对方。

⑬受爵：接受爵位、俸禄。

⑭不让：不谦让。

【译文】

你们若疏远不和，人们都会跟你们一样相互仇视。你们若能教化善德，人们都会群起效仿。关系融洽的好兄弟，相处宽厚又轻松。兄弟关系不和好，相互仇视总相争。人们品行不良，彼此相互怨恨对方。为了爵禄相争夺，自己的过错反倒遗忘了。

【原文】

家庭有个真佛，日用有种真道，人能诚心和气，愉色婉言，使父母兄弟间，形骸两释，意气交流，胜于调息观心万倍矣！

——《菜根谭》

【译文】

家里应该有一个真诚的信仰，日常生活中应该遵循一个真正的原则，人与人之间就能心平气和，坦诚相见，彼此能以愉快的态度和温和的言辞相待，于是父母兄弟之间就会感情融洽，没有隔阂，意气相投，这比起坐禅调息、观心内省要强万倍。

家风故事

李杰明断忤逆案

中国民间有句古语：有不孝的儿女，没有狠心的爹娘。但唐朝的李杰在河南任州官时，却遇到了一件母亲告儿子的案子。

这位母亲是一位中年妇人，她声泪俱下地跪在大堂，向李杰状告儿子如何不孝，如何虐待她，还列举了很多经典案例证明儿子大逆不道。

在当时的封建社会，以"孝"治天下，如果父母去告儿子不孝，就要以法律论处。所以李杰再三劝告这位母亲："你是一个寡妇人家，而且只有这一个儿子，又要靠他养老送终，如果把他抓起来定罪，你老来依靠谁?"但那妇人一口咬定儿子不孝，恨不得立即把他抓起来坐牢，哪里还管以后。

李杰命人暗中调查此事。又传讯了妇人的儿子，见这年轻人知书达理，绝非像其母说的那样蛮横。李杰心中有了数，便命传讯原告说："按本朝法律，母告子实属罕见，而且一经审定，你儿子就是叛逆之罪，为严明法纪，本官判他死罪。"

只见那妇人脸露惊喜之色，连连谢恩。李杰命人跟踪妇人，只见那妇人回到家忙上街为儿子买了具棺材，又去了一座庙里对一个道士说："那个不孝的东西已定成死罪。从今后咱们就公开了，没人再碍眼。"

差人将此事报告了李杰。李杰冷笑道："我料定此事定有原因。来人，马上把原告和那道士抓来。"差人们将妇人和道士及那具棺材带到大堂上。那妇人见事已败露，只得承认私情，并供出是道士出主意让她陷害儿子的。道士也供认不讳，叩头请求饶命。

身为被告的儿子也吐露了真情，原来他一直处处监视母亲，不准她与那道士来往。道士恼羞成怒，便设计让妇人诬告儿子。李杰命令将道士打入死牢，行刑后将其尸体装进那口棺材。

王祥王览兄友弟恭

王祥，晋代琅琊（今山东临沂）人。他小时候性情温厚，孝敬父母。母亲死后，继母朱氏对他很不好，多次向他父亲说他的坏话，因此他父亲也不喜欢他，让他干又脏又累的活，但他毫无怨言，更加小心，不惹父亲生气。

王览，是王祥继母生的弟弟，性情爽直，很懂事儿。四五岁时，看见王祥挨打挨骂，他就抱着母亲流泪。到了童年，他经常劝阻母亲不要虐待王祥。他和王祥很友爱，经常在一起，王祥也很喜欢他。

有时他母亲无理地支使王祥干力所不及的重活，他就和哥哥一起去干，这样母亲就停止了对王祥的无理支使。

父亲死后，王祥在乡里稍稍有点名气了，这又遭到继母的忌妒。她暗自把毒药放到酒里，想毒死王祥。王览在暗中看出端倪，赶紧到哥哥房中夺回毒酒。这时王祥也看出酒有问题，怕弟弟抢去喝了中毒，于是弟兄俩抢起酒来。继母听到争吵声，赶紧跑来把酒夺回去倒掉。从此以后，每逢吃饭，王览就和哥哥一起吃，朱氏再也不敢在食物中放毒了。

继母死后，徐州刺史吕虔聘请王祥去当别驾。王祥不愿意离开弟弟，想不去就职，王览极力劝哥哥去，并亲自为哥哥打点行装，亲自赶着牛车送哥哥去徐州上任。

后来，王祥政绩清明，得到百姓的赞扬。王览也得到皇帝的嘉奖，并起用为宗正卿官。弟兄俩始终亲密友爱，为当时人所称颂。

第四章

立诚为学，警惕误区

　　书山有路勤为径，学海无涯苦作舟。学习对于我们来说是没有止境的，求索的道路上，也只有起点没有终点。在学习的道路上只能不断地努力前行，探索进取，才能真正达到顶峰，看到最美的风景。然而学习的道路上也布满了荆棘，一不小心就会误入歧途，事倍功半。让我们以史为鉴，立诚勤学，警惕学习中的误区，从而让自己学有所成。

君子不可以无学

【原文】

夫君子之行，静以修身，俭以养德①。非淡泊无以明志，非宁静无以致远②。夫学须静也。才须欲③学也。非学无以广才，非志无以成学。淫慢则不能励精，险躁则不能治性。

——三国·蜀·诸葛亮《诫子书》

【注释】

①俭以养德：勤俭以养德。

②致远：远大理想。

③欲：需要。

【译文】

君子的操守，宁静以修身，勤俭以养德，不恬淡寡欲就不能明确志向，不清静专心就不能实现远大理想。对于学习而言，需要有专心致志。对于才干来说，需要多学习。不学习就无法增长才能，没有志向就不能笃学有成。散漫不能激励精进，偏激浮躁不能陶冶性情。

【原文】

莫贫于无学，莫孤于无友，莫苦于无识，莫贱①于无守。无学如病瘵②，枯竭岂能久；无友如堕井，陷溺③孰援手？无识如盲人，举趾辄有咎；无守如市倡④，舆皂⑤皆可诱。学以腴其身，友以益其寿。识以坦其心，守以慎其耦。时命不可知，四者我宜有。

——蒋士铨《再示知让》

【注释】

①贱：卑贱，下贱。

②病瘵：病，多指痨病。

③陷溺：比喻陷落于深渊，沉溺于池水。

④倡：同"娼"。指旧时的娼妓。

⑤舆皂：舆，此指轿夫。皂，指旧时之皂隶。舆、皂皆引申为贱役者。

【译文】

贫穷莫过于没有学问，孤独莫过于没有朋友，痛苦莫过于没有见识，卑贱莫过于没有操守。没有学问就像得了疾病，精瘦枯干怎么能够活得长久？没有朋友就像堕入井底，被淹有谁能够伸手援救？没有见识就像瞎子，举手投足总会犯错误。没有操守就像娼妓，任何人都可以来引诱。学问可以丰富自身，朋友可以使自己增加寿命，见识广博可以使自己心胸坦荡，有操守可以使自己慎重结交朋友。人的机遇和命运是不可以事先预知的，而这四者属于人为，我都应该拥有。

【原文】

汝年时尚幼，所阙者学。可久可大，其唯学欤。所以孔丘言："吾尝终日不食，终夜不寝，以思，无益，不如学也。"若使面墙而立，沐猴而冠①，吾所不取。立身之道，与文章异，立身先须谨重，文章且须放荡。

——萧纲《诫子》

【注释】

①沐猴而冠：猕猴戴帽子，比喻虚有其表。沐猴，猕猴。

145

第四章 立诚为学，警惕误区

反躬自省扬正气

146

【译文】

你现在年龄还小，所缺少的就是学习。可以长久存在的，可以博大无边的，难道不是只有学习吗？所以孔子说："我曾经整天不吃饭整夜不睡觉，去思考，但没有收益，不如去学习。"如果对学习采取"面墙而立""沐猴而冠"的态度，那是我所不能赞同的。立德修身的道理与写文章是不同的，立德修身首先必须谨慎、自重，写文章就要放开些。

【原文】

子孙虽愚①，经书②不可不读。

——《朱子家训》

【注释】

①愚：愚钝。

②经书：《诗经》《尚书》《礼记》《周易》《春秋》。

【译文】

子孙即使天资愚钝，《诗经》《尚书》《礼记》《周易》《春秋》等儒家的经典之作也不能不去阅读。

【原文】

孔子曰："鲤，君子不可以不学，见人不可以不饰①。不饰则无根，无根则失理，失理则不忠，不忠则失礼，失礼则不立。夫远而有光者，饰也；近而逾明者，学也。譬之如污池，水潦②注焉，菅蒲③生之。从上观之，谁知其非源也。"

——汉·刘向《说苑·建本》

【注释】

①饰：修饰。

②水潦：雨后积水。潦，大雨。

③菅蒲：两种多年生草本植物。

孔子说："鲤，君子不可以不学习，他的容貌不可以不修饰。不修饰就没有仪态，没有仪态就失理，失理就不能尽心竭力待人，不能尽心竭力待人就会失去礼仪，没有礼仪就不能立足社会。离人远而有光彩的，是修饰得来的；靠人近而更明亮的，是学习的结果。比如污水池，雨水都流到那里，菅草、蒲草都生长在那里，从上面看，谁会知道它其实并不是活水的源头啊！"

家 风 故 事

邴原有志于学

11岁那年，邴原的父亲去世了，从那以后，他每天耕地放牛，砍柴打水，稚嫩的肩膀上不得不挑起生活的重担。

有一次经过学堂的时候，听到里面传出琅琅读书声，小邴原站在那里一动不动，痴痴地听着，泪流满面。老师注意到这个奇怪的孩子，就问："你为什么这么伤心啊？"邴原擦了擦眼泪，哽咽着说："孤独的人容易伤感，贫贱的人容易多愁。我很羡慕其他的小孩子，有父母兄弟相伴，又能坐在课堂里读书。可是我幼年丧父，为了生活奔波劳碌，有心求学却不知门路。想到我就这样庸庸碌碌地虚度一生，不禁感伤。"

老师问邴原："你为什么不来读书呢？"邴原答："家里穷，没钱交学费。"老师大为感动，对邴原说："你真有志向学，我免费教你读书！"

就这样，在老师的细心教导下，异常刻苦的小邴原学业大进，仅用一个冬天就学成了别人要一两年才能完成的学业。稍稍长大以后，邴原外出游学，足迹遍布大江南北。他先后拜陈留韩子助、颍川陈仲弓等人为师，虚心向他们请教。白天与老师切磋讨论，晚上就在昏暗的油灯下把一天的收获认认真真记下来，寒来暑往，一天也不放松。历经种种磨难，邴原却一直坚持学术理想，终于成为东汉最著名的学者之一。

不良学品要远离

原　典　赏　读

【原文】

发①然后禁，则扞格②而不胜；时过然后学，则勤苦而难成；杂施③而不孙④，则坏乱而不修；独学而无友，则孤陋而寡闻；燕朋⑤逆其师；燕辟⑥废其学。此六者，教之所由废也。

——《礼记·学记》

【注释】

①发：出现，露出。

②扞格：抵触。

③杂施：教学杂乱无次序。

④孙：通"逊"，有条理的意思。

⑤燕朋：轻慢朋友。

⑥燕辟：淫邪的谈话。

【译文】

问题出现了再去禁止，就会非常麻烦，不容易解决；错过了学习的年纪之后才学习，就会劳累辛苦而难有成效；施教者杂乱无章而不按规律教学，就会打乱了条理而不可收拾；独自学习而没有朋友相互交流切磋，就会孤陋寡闻；交品德不好的朋友，必然会违逆老师的教导；轻慢老师教学的训谕，就会荒废学业。这六点，是教学失败的原因。

【原文】

心是一颗明珠，以物欲障蔽①之，犹②明珠而混以泥沙，其洗涤③犹易；以情识④衬贴⑤之，犹明珠而饰以银黄⑥，其涤除最难。故学者不患⑦垢病，而患洁病之难治；不畏事障⑧，而畏理障⑨之难除。

——《菜根谭》

【注释】

①障蔽：遮盖，遮挡。

②犹：好比。

③洗涤：清洗。

④情识：感觉与认识，也指情欲与情性。

⑤衬贴：衬托。

⑥银黄：白银和黄金。

⑦不患：不担心。

⑧事障：佛教用语，佛家讲贪嗔痴等，是达到涅槃的障碍。

⑨理障：佛教用语，指邪见等阻碍真知、真见。

【译文】

人的心是一颗明亮的珠子，用各种物质欲望遮蔽它，就好比明珠混杂着泥土与沙石，清洗还比较容易；用情感认识衬贴明珠，就好比明珠装饰了黄金白银，清洗就很困难了。所以读书人不怕沾染上不洁的毛病，而怕患上心理洁癖的毛病；不怕做事情遇到障碍，而惧怕思想上遇到的障碍难以消除。

【原文】

凭意兴作为者，随作则随止，岂是不退之轮①？从情识解悟者，有悟则有迷，终非长明之灯②。

——《菜根谭》

149

第四章 立诚为学，警惕误区

【注释】

①不退之轮：佛家语，佛教认为，佛法能摧毁众生罪恶，能辗碎一切邪魔鬼怪，法轮并不停在一处，而是像车轮那样辗转滚动，因此称为不退之轮。

②长明之灯：寺庙中点的灯都叫长明灯，佛家说本智光明，因此就用长明灯比喻灵智。

【译文】

凭一时兴趣去做事的人，等到兴趣消失了，事情也就跟着停止了。这样哪里是坚持不懈努力以便有所成就的做法呢？从情感意识角度领悟真理的人，有醒悟明白的地方也会有迷惑不解的地方，终究不能像长久光明的灵智明灯那样，一直清楚明白。

【原文】

穷思变，思变则通；贵处尊①，处尊则怠②。

——《处世悬镜》

【注释】

①尊：尊崇。

②怠：松懈怠惰。

【译文】

走投无路的时候人会开始寻求改变，改变了观念，人生就会通达起来；人久处富贵尊崇之后，就会因为没有再高的追求而变得松懈怠惰了。

【原文】

除诵读作文外，余暇须批阅史籍；唯每看一种，须自首至尾，详细阅完，然后再易他种。最忌东拉西扯，阅过即忘，无补实用。

——《林则徐家书·训次儿聪彝》

除了诵读经书、学习写作之外，有空就应该披览史籍；只是每看一种，必须从头到尾，仔细读完，然后再换其他种类。最忌讳东拉西扯，读过就忘，一点用处都没有。

【原文】

国之兴亡，兵之胜败，博学所至，幸讨论之。入帷幄①之中，参庙堂②之上，不能为主尽规以谋社稷，君子所耻也。然而每见文士，颇③读兵书，微有经略④。若居承平之世，睥睨⑤宫闱⑥，幸灾乐祸，首为逆乱，诖误⑦善良；如在兵革之时，构扇⑧反覆，纵横⑨说诱，不识存亡，强相扶戴，此皆陷身灭族之本也。诚之哉，诚之哉！

——《颜氏家训》

【注释】

①帷幄：指军帐。

②庙堂：朝廷，这里是指参军或从政。

③颇：稍微。

④经略：策划处理事情的谋略。

⑤睥睨：窥视，侦察。

⑥宫闱：帝王后宫。

⑦诖误：贻误，连累。

⑧构扇：也作"构煽"，挑拨煽动。

⑨纵横：战国时纵横家向国君游说的"合纵""连横"两种军事策略。此指在各种势力间游说。

【译文】

国家的兴亡，战争的胜败，如果学识到了渊博的程度，可以讨论这类问题。在军中决策，在朝廷里参政，却不能够为君主尽职尽责地谋求国家利益，这是君子引以为耻的。但常见一些文士，稍微读过一些兵书，略微懂得一些谋略。如果处在太平盛世，他们就窥视宫廷秘事，为一点动乱而幸灾乐祸，带头叛逆作乱，连累贻害善良的人；如在战乱时代，他们就在各个势力间挑拨煽动，反复无常，游说劝诱，不知存亡大势，竭力拥戴别人为君王，这些都是招致杀身灭族的祸根。要警惕啊，要警惕啊!

家风故事

晋师三豕涉河

子夏是孔子的学生，博学多艺，最得孔子真传。

有一次，子夏受命前往晋国。在途经卫国的时候，他看见一个读书人拿着本史书摇头晃脑，口中念念有词："晋师三豕涉河，晋师三豕涉河……"

子夏听了非常纳闷："晋国军队三只猪过河是什么意思?"凑近一看，那书上确实写着"晋师三豕涉河"。子夏想了很久，终于弄明白了其中的"玄机"。

"三豕"应当是"己亥"之误。己亥是中国传统的纪年法，晋国军队在己亥这一年过河，这就说得通了。"己"和"三"相像，"亥"和"豕"形近，书本经过多次传抄，"己亥"就变成"三豕"了。

到了晋国，子夏找到晋国的史书，上面的确写着"晋师己亥涉河"，这证实了子夏先前的推论是正确的。

子夏就是这样不盲从，勤思考，终于成了中国历史上有名的大学问家。

学习惰性需警惕

【原文】

少壮不努力，老大徒①伤悲。

——《乐府诗集·长歌行》

【注释】

①徒：徒劳。

【译文】

年轻力壮的时候不奋发图强，到了老年，悲伤也没用了。

【原文】

凡为文章，犹人乘骐骥①，虽有逸气②，当以衔③勒④制之，勿使流乱轨躅⑤，放意填坑岸也。

——《颜氏家训》

【注释】

①骐骥：日行千里的良马。

②逸气：俊逸之气。

③衔：横在马口中以备抽勒的铁。

④勒：套在马头上带嚼口的笼头。比喻写文章要有节制。

⑤轨躅：轨迹。

【译文】

凡写文章，好比人骑千里马，虽然良马有俊逸之气，还应当用衔和勒来控制它，不要让它放任自流，走出正道，恣意妄为而坠进坑沟里。

【原文】

少壮者，事事当用意而意反轻，徒泛泛作水中凫①而已，何以振云霄之翮②？衰老者，事事宜忘情而情反重，徒碌碌为辕下驹③而已，何以脱缰锁之身？

——《菜根谭》

【注释】

①凫：水鸟，俗称野鸭子。

②翮：羽茎，鸟的翅膀。

③辕下驹：车辕下的小马驹，小马不善于驾车，形容人局促不大方的样子。

【译文】

正当年富力强的时候，应当认真对待每一件事情，却反而事事漫不经心，就像浮在水面上的野鸭子一样，这样怎么能展翅高飞呢？衰老的人应对每件事情都放得下感情，却反而事事更加执着，就像老马还要像小马一样驾辕拉车，这样怎么能摆脱自己身上的束缚呢？

【原文】

得时无怠①，时不再来②，天予③不取，反为之灾④。

——《国语·越语下》

【注释】

①怠：形容词，怠懈。

②时不再来：时间一过，就不可能再度重来。

③予：动词，给。

④灾：名词，灾害，祸害。

【译文】

遇到机会的时候没有抓住，机会失去就不会再来；命运中给予你的你没有拿到，就会有灾难性的后果。

【原文】

人之居世，忽去便过。日月可爱①也！故禹不爱尺璧而爱寸阴。时过不可还，若年大不可少也。欲汝早之，未必读书，并学作人。汝今逾郡县，越山河，离兄弟，去妻子者，欲令见举动之宜，效高人远节，闻一得三，志在"善人"。左右不可不慎，善否之要，在此际也。行止与人，务在饶②之。言思乃出，行详乃动，皆动情实道理，违斯败矣。父欲令子善，唯不能杀身，其余无惜也。

——《诫子书》

【注释】

①日月可爱：指时间宝贵。

②饶：宽恕，宽容。

【译文】

人生在世，转眼便过去了，时间是非常宝贵的，所以大禹不爱直径一尺的玉璧而爱很短的时光。时光一过去就不会再回来，就如同人年纪大了不可能再回到年轻时一样。希望你早早地明白这一点，不一定要局限于读书，还要学会如何做人。你如今离乡背井，跋山涉水，离别弟弟，抛妻离子，是想让你知道自己的一举一动都要适度，学习那些高尚人的远大志向，听到一就能得到三，立志做一个有道德的人，努力达到他们的水平。一定要慎重，善与不善的关键就在这点的差别，行为举止对别人一定要宽容。说话要经过思考才出口，行事要经过周密考察才实施，说话办事都要从实际出发，合情合理，违背了这些就必然会失败。父亲想让儿子学好向善，除了不能牺牲生命，其余都在所不惜。

第四章 立诚为学，警惕误区

【原文】

字谕纪泽儿：余在军中不废学问，读书写字未甚间断，惜年老眼蒙，无甚长进。尔今未弱冠，一刻千金，切不可浪掷光阴。

——《曾国藩家书》

【译文】

字谕纪泽儿：我在军营里并没有废弛学问，读书写字也没怎么间断，只可惜年迈眼花，没什么长进了。你现在还没到二十岁，正是一刻值千金的时候，千万不可虚度光阴。

【原文】

前人云："抛却自家无尽藏①，沿门持钵②效贫儿。"又云："暴富贫儿休说梦，谁家灶里火无烟③。"一箴④自昧⑤所有，一箴自夸所有，可为学人切戒。

——《菜根谭》

【注释】

①无尽藏：佛家语，"无尽藏海"的简称。《大乘义章》说："德广难穷，名为无尽，无尽之德，包含日藏。"用在这里，既指财富也指美德。

②钵：僧人所用的食具。

③谁家灶里火无烟：也就是说无论谁家都有一些财产。

④箴：劝告，劝诫。

⑤昧：隐藏，隐瞒。

【译文】

前人说："扔下自己家中大量财物，却效仿沿门乞讨的穷人拿着饭碗到处要饭。"又说："暴发户不要向别人夸耀自己的财富，哪个人家的灶下没有生火煮饭呢？"这两句箴言，一句是用来劝诫那些隐藏自己学识的人，另一句是用来劝诫那些夸耀自己学识的人。隐藏与夸耀都是做学问的人需要戒除的不良习惯。

【原文】

习①五兵，便乘骑，正可称武夫尔。今世士大夫，但不读书，即称武夫儿，乃饭囊酒瓮也。

——《颜氏家训》

【注释】

①习：熟练。

【译文】

熟练五种常用兵器，擅长骑马，才可以称作武夫。现在有的士大夫，只是不读书，就自称武夫，只是酒囊饭袋罢了。

家风故事

凿壁借光

西汉元帝的时候，有个宰相叫匡衡。他生于农家，小时候很想读书，可是因为家里穷，没钱上学。后来，他跟一个亲戚学认字，才有了阅读的能力。

匡衡买不起书，只好借书来读。那个时候，书非常贵重，有书的人不肯轻易借给别人。匡衡就在农忙的时节，给有钱的人家打短工，不要工钱，只求人家借书给他看。

过了几年，匡衡长大了，成了家里的主要劳动力。他一天到晚在地里干活，只有中午歇晌的时候，才有工夫看一点书，所以一卷书常常要十天半月才能够读完。匡衡很着急，心里想：白天种庄稼，没有时间看书，我可以多利用一些晚上的时间来看书。可是匡衡家里很穷，买不起点灯的油，怎么办呢？

有一天晚上，匡衡躺在床上背白天读过的书。背着背着，突然看到东边的墙壁上透过来一线亮光。走到墙壁边一看，啊！原来从壁缝里透

第四章 立诚为学，警惕误区

过来的是邻居的灯光。于是，匡衡想了一个办法：他拿了一把小刀，把墙缝挖大了一些。这样，透过来的光亮也大了，他就利用透进来的灯光读起书来。

匡衡就是这样刻苦学习，勤俭节约，后来成了西汉经学家，以说《诗》著称。

孙康映雪

晋朝有个名叫孙康的少年，家里很穷，却十分喜欢读书。由于白天要上山砍柴、下地种田，所以能够用来读书的时间寥寥无几。晚上倒是一个不错的读书时间，可是偏偏孙康家里买不起灯油，所以天一黑，孙康就不得不放下书本，躺在床上闷闷不乐。日子一天一天地过去，孙康心里既着急又无奈，他深知人的一生很短暂，不能利用有限的时间好好读书，实在太遗憾了。

不知不觉地到了冬天。有一天，孙康睡到半夜醒来，突然发现窗户缝透进来一丝光亮。他以为天亮了，翻身下床，推开窗户，只觉一股寒气迎面扑来。原来不知什么时候，一场大雪突然降临，附近的山川、林木、房舍披上了一层厚厚的积雪。在月光的照耀下，厚厚的积雪发出幽幽的光。"原来如此！"孙康心想，这雪光不知道可不可以用来照明？想到这里，他马上取出书，走到屋外，借着雪夜的微光如饥似渴地读起来。时值隆冬，正是北方一年里最冷的时节，孙康全部身心都投入书本里，完全感觉不到刺骨的寒意，不知不觉天就亮了。

从此以后，只要是雪夜，雪地上就有孙康读书的身影。雪夜读书，不仅使孙康学问突飞猛进，也造就了他坚强的意志，最终成为历史上有名的大学问家。而映雪读书也成为一个典故，激励着一代又一代的读书人。

学问不可急于求成

【原文】

夫物速成则疾①亡，晚就②则善终。朝华之草，夕而零落；松柏之茂，隆寒不衰。是以大雅君子，恶速成，戒阙党也。

——晋·陈寿《三国志·王昶传》

【注释】

①疾：快速。

②晚就：成熟得晚。

【译文】

事物成熟得早，死亡得也快。缓慢适时地成长，才会有好结果。早晨开花的草，傍晚就凋零衰败；茂盛的松柏，在严寒中也不衰落。所以，有高尚品德的人，不希望速成，而禁绝像叫"阙党"的人那样急于求成和浮躁轻率。

【原文】

学问有利钝，文章有巧拙。钝学累功，不妨精熟；拙文研思，终归蚩鄙①。但成学士，自足为人。必乏天才，勿强操笔。吾见世人，至无才思，自谓清华②，流布③丑拙，亦以④众矣。

——《颜氏家训》

【注释】

①蚩鄙：无知鄙俗。

第四章　立诚为学，警惕误区

②清华：清新华丽。

③流布：四处散布。

④以：同"已"。

【译文】

做学问有聪明和迟钝之分，写文章有灵巧和拙劣之别。做学问迟钝的人不断努力，仍可以达到精通熟练；写文章拙劣的人，即使钻研深思，终究还是庸俗鄙陋。只要能成为有学之士，便足以为人处世了。一定缺乏天赋，就不要勉强去写。我看见许多人，完全没有才思，却自认为自己的文章清新华丽，把拙劣的文章四处散布流传，这种人太多了。

【原文】

学为文章，先谋亲友，得其评裁，知可施行，然后出手。慎勿师心自任①，取笑旁人②也。自古执笔为文者，何可胜言，然至于宏丽精华，不过数十篇耳。但使不失体裁，辞意可观，便称才士；要须动③俗盖④世，亦俟⑤河⑥之清乎。

——《颜氏家训》

【注释】

①师心自任：以心为师，任由自己，即指自以为是，固执己见。

②取笑旁人：被旁人取笑。

③动：惊动。

④盖：压倒。

⑤俟：等待。

⑥河：指黄河。黄河泥沙多，水黄。古人把黄河澄清看作难以等到的事。

【译文】

学写文章，应先和亲人朋友商量，得到了他们的评定裁判后，知道可以写了，然后才动手写，切勿自以为是，以致被别人取笑。自古写文章的人哪里数得清，但能真正达到宏丽精华的文章，也不过几十篇而已。只要文章合乎体裁，文辞立意值得一看，就可以称作有才之人了。如果一定要把文章写得惊世骇俗，那真要等黄河水清了。

【原文】

世中书翰①，多称匆匆，相承如此，不知所由。或有妄言此忽忽之残缺耳。案《说文》：勿者，州里所建之旗也。象其柄及三游②之形，所以趣③民事。故悤④遽者称为匆匆。

——《颜氏家训》

【注释】

①书翰：书信，文字。

②游：古代旌旗下垂的飘带等饰物。

③趣：催促。

④悤：同"忽"，急切、急促。

【译文】

世上书信中，多写有"匆匆"二字，自古相承，都这样写，但并不知它的由来。有人妄下断言说这是"忽忽"二字的残缺罢了。根据《说文》，"勿"是州里树立的旗。字形就像旗杆和垂着的三个飘带的形状，它是用来催促百姓从事农事的。所以后来就把急切、仓促称为"匆匆"。

【原文】

愍楚①友婿②窦如同从河州来，得一青鸟，驯养爱玩，举俗呼之为鹖。吾曰："鹖出上党，数曾见之，色并黄黑，无驳杂也。故陈思王③《鹖赋》云：'扬玄黄之劲羽'。"试检《说文》："鸠雀似鹖而青，出羌中。"《韵集》音介，此疑顿释。

——《颜氏家训》

【注释】

①愍楚：颜子推次子。

②友婿：同门女婿间的互称。如同今天的"连襟"。

③陈思王：即曹植。

【译文】

愍楚的友婿窦如同从河州来，带回一只青鸟，驯养玩弄甚为喜欢，一般人都把它称为"鹖"。我说："鹖出产于上党，我曾见过几次，毛色都是黄的、黑的，没有其他颜色，所以曹植在《鹖赋》中说'扬起了黑黄色的有力翅膀'。"试查一下《说文》，见到"鸲雀形似鹖而毛色青，产于羌中"。这"鸲"，《韵集》中注音为介，这个疑问顿时解开了。

【原文】

梁世有蔡朗者讳纯，既不涉学，遂呼莼①为露葵②。面墙之徒③，递相仿效。承圣中，遣一士大夫聘齐，齐主客郎李恕问梁使曰："江南有露葵否？"答曰："露葵是莼，水乡所出。卿今食者，绿葵菜耳。"李亦学问④，但不测彼之深浅，乍闻无以核究。

——《颜氏家训》

【注释】

①莼：即莼菜，一种水草，可食。

②露葵：即冬葵，多野生或在园中种植。

③面墙之徒：不学无术的人。

④学问：有学问的人。

【译文】

梁朝有个叫蔡朗的人忌讳"纯"字，原本就不研究学问，于是把莼（与纯同音）菜叫为露葵。不学无术的人，就跟着仿效这种称呼。梁元帝承圣年间，朝廷派了一位士大夫出使齐国，齐国的主客郎李恕问梁国的使者："江南有没有露葵？"梁使者回答："露葵就是莼，出产于水乡中，你现在吃的就是绿葵菜。"李恕也是一位有学问的人，但不知梁使者学问的深浅，一时听到也无法去核实考究。

【原文】

读书以过目成诵为能，最是不济事。眼中了了，心下匆匆，方寸无多，往来应接不暇，如看场中美色，一眼即过，与我何与也？

——《郑板桥家书》

【译文】

将过目成诵看成读书的才能，最不济事，一晃而过，脑中不留。就像看场中的美色，一眼而过，对我又有什么帮助？

家 风 故 事

欲速则不达

从前，在一个小山村里，传说有两兄弟在一次上山的途中，偶然与神仙邂逅，神仙传授他们酿酒之法，叫他们把在端午那天收割的米，与冰雪初融时高山流泉的水来调和，注入千年紫砂土铸成的陶瓷中，再用初夏第一个看见朝阳的新荷覆紧，密封七七四十九天，直到鸡叫三遍后方可启封。

他们历尽千辛万苦，跋涉千山万水，终于找齐了所有的材料，把梦想一起调和密封，然后潜心等待那注定的时刻。经历了漫长的等待，终于到了第四十九天。两人整夜都没有睡，等着鸡鸣的声音。远远地，传来了第一遍鸡鸣。过了很久很久，才响起了第二遍。第三遍鸡鸣到底什么时候才会来呢？

其中一个再也等不下去了，他迫不及待地打开陶瓮品尝，却惊呆了——里面的水，像醋一样酸，又像中药一般苦，他把所有的后悔加起来也不可挽回。他失望地把它洒在了地上。而另外一个，虽然欲望如同一把野火在他心里燃烧，让他按捺不住想要伸手，但他却还是咬着牙，坚持到了三遍鸡鸣响彻天空。"多么甘甜清澈的酒啊！"他终于品尝到了自己亲自酿制的美酒。

虽然兄弟两人一同酿酒，但结果一个人酿的酒像醋一样酸，又像中药一般苦，另外一人的酒却是甘甜清澈。如果第一个人耐住性子等一等，等到鸡打第三遍鸣时再开封，酿出的酒也会香甜如蜜，酒味清香。但是他太渴望品尝美酒了，结果前功尽弃，可谓欲速则不达。

由此不难看出，急于求成将导致最终的失败，所以我们不妨放远眼光，耐住性子，达到自己的目标。对于"一万年太久，只争朝夕"的人来说，最容易犯的毛病就是"欲速则不达"。放眼整个社会，大多数人都知道这个道理，而最终背道而行的仍是大多数人。造成这种速成心理主要有两方面的原因：一则人们过于追求眼前利益，二则享受生活变成了每个人追求的根本因素。

为什么当今的人难以摆脱速成心理呢？因为当前更多人信奉的是："随主流而不求本质。"在追求的过程中丧失了自己的目的性，不追求人生最根本的目的，转而追求一些形式上的成功，正如一句话中所说的，瞬间的成就可以使人获得短暂的名利，但如果谈起永恒，无非只是皮毛之举。我们要成就一番事业，就必须静下心来，脚踏实地，摆脱速成心理的牵制，看清人生最根本的目的，一步一个脚印地走下去。

第五章

箴诚交友，独具慧眼

　　与君子交友，如入芝兰之室，久而久之就可以闻到芳香。与小人交友，如入鲍鱼之肆，久而久之闻到的就是臭味。也就是说，我们交友一定要择善而交。但是在生活中，人们往往被许多人的表面现象所蒙蔽，很难识别一个人的真正面目。在利与益的驱使下，人们的言行往往被附加了太多的伪善和修饰。所以我们要以圣诚为尺，独具识友慧眼，拨开层层面纱，找到真正的友谊。

品行不端不可交

【原文】

慎勿以书自命。虽然，厮猥之人①，以能书拔擢者多矣。故"道不同不相为谋"也。

——《颜氏家训》

【注释】

①厮猥之人：指地位卑微的人。

【译文】

千万不要以精通书法而自命不凡。话虽如此，地位低下的人，因写一手好字而被提拔的也很多。所以说，思想主张不同的人，不能与他们同谋共事。

【原文】

尔初入世途，择交宜慎，友直友谅友多闻益矣。误交真小人，其害犹浅；误交伪君子，其祸为烈矣。盖伪君子之心，百无一同：有拗捩①者，有偏倚者，有黑如漆者，有曲如钩者，有如荆棘者，有如月剑者，有如蜂虿②者，有如狼虎者，有现冠盖形者，有现金银气者，业镜高悬，亦难照彻。缘其包藏不测，起灭无端，而回顾其形，则皆岸然道貌，非若真小人之一望可知也。并且此等外貌麟鸾③中藏鬼蜮④之人，最喜与人结交，儿其慎之。

——清·纪昀《纪晓岚家书·训大儿》

【注释】

①拗捩：扭曲，工于心计。拗，弯曲。捩，扭折。

②蜂虿：毒蜂与蝎子，都是毒性很大的小动物。比喻恶毒。

③麟鸾：指麒麟和凤凰类的神鸟。

④鬼蜮：鬼和蜮。蜮，传说中一种含沙射人的动物。比喻阴险害人的人。

【译文】

你初入社会，交友应当谨慎。结交那些正直、诚实、见多识广的朋友，将得益不小。假如误交真小人，危害还不大；误交伪君子，危害就严重了。这些人心性不一，有性情乖张的，有心黑如漆的，有心曲如钩的，有心如荆棘的，有心如刀剑的，有毒如蜂蝎的，有狠如虎狼的，有想升官的，有想发财的，你就是把阎王爷能照众生善恶的明镜高悬，也难以照透他们的心。因为他们包藏祸心，深不可测，看他们的外表，个个道貌岸然，不像那些真小人一望而知。而且，这些貌似方正善良而心怀鬼胎的人，最喜欢和别人结交，你可要千万谨慎。

【原文】

世有痴人，不识仁义，不知富贵并由天命。为子娶妇，恨其生资不足，倚作舅姑①之尊，蛇虺②其性，毒口加诬，不识忌讳，骂辱妇之父母，却成教妇不孝己身，不顾他恨。但怜己之子女，不爱己之儿妇。如此之人，阴③纪④其过，鬼夺其算⑤。慎不可与为邻，何况交结乎？避之哉！

——《颜氏家训》

【注释】

①舅姑：即公婆。

第五章 箴诚交友，独具慧眼

②蛇虺：比喻凶残狠毒。虺，古书上说的一种毒蛇。

③阴：指阴曹地府。

④纪：记载。

⑤算：寿命。

【译文】

世上总有些无知的人，不懂得仁义，不知道富贵都由天命决定。为儿子娶媳妇，怨恨媳妇的嫁妆不多，仗着自己是公公、婆婆的尊严，表现出毒蛇一样的本性，对媳妇恶毒辱骂，不懂得忌讳，甚至辱骂媳妇的父母，这样反而教会媳妇不孝顺自己，不考虑她会嫉恨自己。只知道疼爱自己的子女，不知道爱惜自己的儿媳。像这样的人，阴曹地府会记录他的罪过，鬼神会减短他的寿命。千万不要与这种人做邻居，更何况与这种人交朋友呢？避开他们吧！

【原文】

夫交友之美，在于得贤，不可不详。而世之交者，不审择人，务①合党众，违先圣人交友之义，此非厚己②辅仁③之谓也。吾观魏讽④，不修德行，而专以鸠合为务，华而不实，此直搅世沽名者也。卿其慎之，勿复与通。

——刘廙《诫弟伟》

【注释】

①务：致力，从事。

②厚己：使自己有所得益。

③辅仁：语出《论语》"君子以文会友，以友辅仁"，指朋友帮助自己成就仁德。

④魏讽：字子京，三国时魏沛（今江苏）人。有惑众才，喜结徒党。曾谋袭邺都，未及期，事发被诛。惜刘伟对其兄长的告诫未能听从，终因参与魏讽的谋反而蒙难。

【译文】

大凡结交朋友的好处，就在于能得到有才有德的能人的帮助，因此不能不仔细慎重。然而世上有些人结交朋友，不去慎重地选择，而是一味地纠合党羽，这就违背了前代圣人交友的本义，也不是圣人所说的交结良友能使我得益，能帮助我成就仁德的情况啊。我看魏讽这人不修养道德品行，专以聚集党羽为务，华而不实，这简直是扰乱世事、沽名钓誉的人。你一定要审慎处之，不要再与他来往。

【原文】

用人不宜刻①，刻则思效者去；交友不宜滥②，滥则贡谀③者来。

——《菜根谭》

【注释】

①刻：苛刻，严苛。

②滥：不加选择，轻率随便。

③贡谀：阿谀奉承。贡，贡献。谀，阿谀奉承。

【译文】

用人不能太苛刻，如果太苛刻就会使那些想为你效力的人纷纷离去；交朋友不能毫无选择地随便乱交，如果对朋友不加选择，那么就会招来阿谀奉承之辈。

【原文】

口能言之，身能行之，国宝①也；口不能言，身能行之，国器②也；口能言之，身不能行，国用③也；口言善，身行恶，国妖④也。治国者敬其宝，爱其器，任其用，除其妖。

——《大略》

【注释】

①国宝：国家的珍宝。

第五章

箴诚交友，独具慧眼

②国器：国家的重器。

③国用：为国家所用。

④国妖：国家的妖孽。

【译文】

满腹经纶而善言，又能身体力行，这是国家的珍宝；讷于言而敏于行，这是国家的重器；能说却做不到，还能为国家所用；巧舌如簧，却为非作歹，这种人是国家的妖孽。治国者应该敬重国宝，爱惜国之重器，善于任用有用的人才，而对国之妖孽要毫不留情，斩草除根。

【原文】

君子耻不修①，不耻见污；耻不信②，不耻不见信；耻不能③，不耻不见用④。是以不诱于誉，不恐于诽，率道而行，端然正己，不为物倾侧，夫是之谓诚君子。

——《非十二子》

【注释】

①不修：修养不好。

②不信：不守信用。

③不能：无能。

④不见用：不被重用。

【译文】

君子以修养不好为耻，不以被诬蔑为耻；以不守信用为耻，不以不被信任为耻；以无能为耻，不以不被重用为耻。抵得住虚荣的诱惑，不怕被诽谤，遵循正道，严于律己，不为外物所动而随世俯仰，这才是名副其实的君子。因此我们首先要正己，脚踏实地，完善自己，不沽名钓誉，循道敢为，坚守信念，坚持原则。

【原文】

小辩①不如见端②，见端不如见本分。小辩而察，见端而明，本分而理。

——《非相》

【注释】

①辩：辩说。

②端：头绪。

【译文】

辩说小事，不如把握好事情的头绪，把握好事情的头绪，不如抓住根本。辩说小事能够精察，抓住头绪能够明白，抓住了根本就能得到辩说的终极意义。

家 风 故 事

苏东坡交损友

苏东坡是我国历史上伟大的文学家、书画家。他生性豪爽，喜欢结交朋友。在他眼里，上自朝廷大员，下至山野村夫，全天下没有一个是坏人，都可以成为朋友。他好友成性，没想到因为择友不慎，"朋友"成了他下半生的噩梦。

章惇是苏东坡在陕西凤翔为官的时候结交的朋友。章惇当时只是个商州令，在与苏东坡的交往中，不拘俗礼，很对苏东坡的脾气，两个人一见如故，成了好朋友。然而路遥知马力，日久见人心。王安石变法以后，苏章二人因为政见不合，成了两个阵营里的人。

章惇权势越来越大，心胸却越来越狭隘，而苏轼偏偏天性不拘小节，言语多有冒犯，这让章惇心生不满。后来苏东坡因反对变法，受到排挤，一再受到朝廷的贬谪。作为曾经的朋友，章惇此时不但没有伸出援手，反

而落井下石，多次劝皇帝惩治苏东坡。据说苏东坡在惠州的时候写了一首诗，其中的"为报诗人春睡足，道人轻打五更钟"，写出了他在逆境中的闲适和快乐。诗传到了京师，心胸狭窄的章惇看后，不想苏东坡活得如此快活，于是劝皇上降下圣旨，把苏东坡流放到更远的昌化，让苏东坡吃尽了苦头。

阿谀奉承无友谊

原 典 赏 读

【原文】

与谗谄①面谀②之人居，国欲治③，可得乎？

——《孟子·告子下》

【注释】

①谗谄：谗言、媚语。

②面谀：当面奉承。

③治：国家得到治理。

【译文】

同喜欢进谗言、说媚语和爱当面奉承人的人在一起，想把国家治理好，做得到吗？

【原文】

君子相见，非但兴善①，将以攻恶②；恶不废，则善不兴。

——唐·马揔《意林·中论》

【注释】

①善：优点，长处。

②恶：缺点，短处。

【译文】

正直的人交朋友，不但要互相鼓励优点，也要互相批评缺点；如果不去掉缺点，优点也就树立不起来。

【原文】

出门择交友，防慎畏薰①莸②。

——范质《诫儿侄八百字》

【注释】

①薰：香草。

②莸：臭草。

【译文】

出门应当慎重选择朋友，你没见过香草和臭草混在一起时，很长时间还有臭味呢。

【原文】

谄谀逢迎之辈，君子鄙①之。何以货利而少舛②？上之需也。

——《处世悬镜》

【注释】

①鄙：鄙视。

②舛：坎坷，困难。

【译文】

善于阿谀奉承的人，君子鄙视他。但那些人为什么总是占尽便宜而运气也挺好呢？那是因为掌握权力的人需要这样的人。

【原文】

休与小人仇雠①，小人自有对头；休向君子谄媚，君子原无私惠。

——《菜根谭》

【注释】

①仇雠：仇人，结仇。

【译文】

不要和小人结仇，小人自然会遇到对付他的人；不要奉承讨好君子，君子本来就是公正无私的。

家 风 故 事

文子交友

晋国大夫文子曾遇到过投奔谁的难题。文子流亡在外，经过一个县城。随从说："此县有一个啬夫，是你过去的朋友，何不在他的舍下休息片刻，顺便等待后面的车辆呢？"文子说："我曾喜欢音乐，此人给我送来鸣琴；我爱好佩玉，此人给我送来玉环。他这样迎合我的爱好，无非是为了得到我对他的好感。我恐怕他也会出卖我以求得别人的好感。"于是他没有停留，匆匆离去。结果，那个人果然扣留了文子后面的两车人马，把他们献给了国君。

文子的这位朋友，平日里喜欢跟随文子的喜好，而讨好文子。小人常常善变，君子才是真朋友。在文子看来，这位朋友称不上真正的朋友，只是趋炎附势的小人而已。事实最终也证实了这一点。

华佗妙招惩治县官

华佗是中国古代的名医。他不仅医术高明，而且品德高尚。

有一天，华佗正在家里为邻居看病。一个官差冲进来说县太爷要华佗马上去给他看病。华佗一向讨厌仗势欺人的官员，就拒绝那官差，继续为邻居看病。这时，大家都为华佗担心，劝他说："你还是快去给县太爷看病，不然他生气起来，就大事不妙了。"

华佗想了一想，就简单地收拾一下，便向县太爷那里走去。他先去找县太爷的管家，打听一下县太爷的病情，然后才随着管家去见县太爷。当时县太爷满脸怒容，看也不看华佗一眼，但华佗还是细心地替他治病。过后，华佗开了一张药方给管家，就离开了。管家拿了药方给县太爷看，县太爷看了之后，气得全身发抖。身体内的浓痰恶心难忍，一口一口地吐了出来。原来那药方上写的不是什么草药，而是把这些年县太爷所干的坏事全写在上面，难怪县太爷会气得这么厉害。

当县太爷喘过气后，马上下令官差把华佗抓来。管家告诉他华佗早已走了，而这张药方是华佗要引他发怒来帮他治病。县太爷听了，才明白过来。这时他也觉得胸口不再发闷了，不得不佩服华佗的医术高明。

邹忌讽齐王纳谏

战国时期，齐国有个大臣叫邹忌，他身材高大，丰神俊朗。有一天，他对着镜子自我欣赏的时候，问妻子："我和城北徐公谁更好看呢？"他妻子不假思索，脱口答道："当然是您好看。"邹忌不大相信，又去问小妾和一位来访的客人，得到的答案都一样，于是不禁沾沾自喜起来。一天，邹忌终于见到了城北徐公，越看越觉得徐公俊美异常，回到家里再看看镜子里的自己，跟人家简直有天壤之别。为什么大家都说自己比徐公美呢？邹忌反复思索，终于明白了其中的道理："妻子赞美我，是爱我；小妾赞美我，是怕我；客人赞美我，是有求于我。"于是，邹忌去见齐威王，说："我明明没有徐公好看，可是妻子爱我，小妾怕我，客人有求于我，他们都说我比徐公好看。同样的道理，看看大王您的身边，妃子和近臣爱您，朝中大臣怕您，百姓有求于您，由此看来，大王受蒙蔽一定很厉害

箴诚交友，独具慧眼

了!"齐威王听了,夸奖邹忌道:"说得好!"于是就下令,悬赏重金,鼓励大臣、百姓直言进谏,指出自己的过失。一时之间,齐王宫前门庭若市,人们纷纷发表自己对时局、朝政的看法,齐威王因此得知很多以前不知道的真相。他从善如流,针砭时弊。就这样,齐国很快成为东方大国,燕国、韩国、赵国、魏国纷纷纳贡称臣。

势利之友不可交

【原文】

以势①友②者,势倾则断;以利③友者,利穷则散。

——《处世悬镜》

【注释】

①势:权势。

②友:交友。

③利:利益。

【译文】

以权势作为交友条件的人,对方权势一旦失去,友情也就断了;以利益作为交友条件的人,利益一旦失去,所谓的朋友情谊也就散了。

【原文】

见富贵而生谄①容者,最可耻;遇贫穷而作骄态者,贱莫甚。

——《朱子家训》

【注释】

①谄：谄媚，奉承。

【译文】

见到比自己富贵的就现出巴结奉承神态的人最可耻，遇到比自己贫穷的就显出骄矜之态的人最卑贱。

【原文】

结交莫羞贫①，羞贫友不成。

——汉·无名氏《古诗》

【注释】

①羞贫：因贫穷而感到羞耻。

【译文】

交友不能因为贫穷而感到羞耻，如果因为贫穷而感到羞耻就交不成朋友。

【原文】

自谋不诚①，则欺②心而弃己；与人不诚，则丧德而增怨。

——《处世悬镜》

【注释】

①诚：诚实。

②欺：欺骗。

【译文】

不诚实地面对自己，这是自欺欺人，最终毁了自己；与人交往如果不诚实，就会丧失道德口碑并且增加了他人对自己的怨恨。

【原文】

陈涉①少时，尝与人佣耕②，辍耕③之垄上，怅恨久之，曰：

第五章 | 箴诚交友，独具慧眼

"苟富贵，毋相忘！"

——西汉·司马迁《史记·陈涉世家》

【注释】

①陈涉：阳城人，在大泽乡（今安徽省宿州市境内）率领900名戍卒揭竿而起，首先向暴秦发难。

②佣耕：为人雇佣而耕作。

③辍耕：停止耕作。

【译文】

陈涉年轻的时候，曾经和别人一起被雇佣耕田。一次当他停止耕作走到田埂上休息时，感慨恼恨了好一会儿，说："假如将来谁富贵了，大家相互不要忘记了。"

【原文】

世有无知之人，不能一概礼待乡曲。而因人之富贵贫贱，设为高下等级，见有资财有官职者，则礼恭而心敬。资财愈多，官职愈高，则恭敬又加焉。至视贫者贱者，则礼傲而心慢，曾不少顾恤。殊不知彼之富贵，非吾之荣，彼之贫贱，非我之辱，何用高下分别如此！长厚有识君子必不然也。

——袁采《袁氏世范》

【译文】

世上有一些无知的人，不能以同样的态度礼待乡邻，因人的富贵贫寒，区分高低等级。看到家资丰厚、有官职的人，就礼貌恭顺而且心里崇敬，资产越多官位越高，就会越加崇敬。而看到贫寒的人，便态度傲慢心生鄙夷，不曾稍微有点怜惜之心。殊不知，人家的富贵不是我的荣耀，人家的贫寒也不是我的耻辱，我何必去给他们分个高下呢？敦厚的人、有见识的君子们，一定不会这样做。

【原文】

是以君子慎人①所以交己，审②己所以交人，富贵则无暴集③之客，贫贱则无弃旧之宾矣。故原④其所以来，则知其所以去；见其所以始，则睹其所以终。彼贞士⑤者，贫贱不待⑥夫富贵，富贵不骄乎贫贱，故可贵也。

——蔡邕《正交论》

【注释】

①慎人：谨慎地对待别人。

②审：审视，省察。

③暴集：突然聚集。

④原：此指考察。

⑤贞士：贞节坚定、操守方正的人。

⑥待：防备，抵御。

【译文】

因此，作为君子谨慎地对待别人与自己的交往，也审慎地对待自己与别人的往来。富贵的时候不至于突然聚集很多势利的人，贫贱的时候也不至于被从前的宾客抛弃。知道一切为什么会这样发展而来，也会知道它又将朝什么方向变化而去；看见它开始出现的因缘，也能知道它走向终了的因由。他作为坚贞守正之人，贫贱的时候不拒斥富贵之友，富贵的时候也不对贫贱之友骄横，这些正是他可贵的地方。

【原文】

万章问曰："敢问友。"孟子曰："不挟①长，不挟贵，不挟兄弟而友。友也者，友其德也，不可以有挟也。孟献子②，百乘③之家也，有友五人焉：乐正裘、牧仲，其三人则予忘之矣。献子之与此五人者友也，无献子之家④者也。此五人者，亦有献

179

第五章 箴诚交友，独具慧眼

子之家，则不与之友矣。"

——《孟子·万章下》

【注释】

①挟：依赖，倚仗。

②孟献子：鲁国大夫仲孙蔑，死谥曰"献"。

③百乘：百辆车。

④无献子之家：谓无献子之家世观念。

【译文】

万章问道："请问交朋友的原则。"孟子说："不倚仗年龄大，不倚仗地位高，不倚仗兄弟的势力去交朋友。交朋友，交的是品德，不应该有什么倚仗。孟献子是一位拥有百辆车马的大夫，他有五位朋友：乐正裘、牧仲，其余三位我忘记了。献子与这五人交朋友，没有摆出自己是大夫的架子。这五人也是这样，如果心目中存有献子是大夫的念头，也就不会与他交知心朋友了。"

家风故事

蔺相如的劝诫

蔺相如曾是赵国宦官缪贤的一名舍人。缪贤曾因犯法获罪，打算逃往燕国躲避。蔺相如问他："您为什么选择燕国呢?"缪贤说："我曾跟随大王在边境与燕王相会，燕王曾私下握着我的手，表示愿意和我结为朋友。我想，如果我去投奔燕王，他一定会接纳我的。"蔺相如劝阻说："我看未必啊。赵国比燕国强大，您当时又是赵王的红人，所以燕王才愿意和您结交。如今您在赵国获罪，逃往燕国是为了躲避处罚，燕国惧怕赵国，势必不敢收留您，他甚至会把您抓起来送回赵国的。您不如向赵王负荆请罪，也许有幸获免。"缪贤觉得有理，就照蔺相如所说的办，向赵王请罪，果然得到了赵王的赦免。

　　缪贤以为燕王是真的想和自己交朋友，他显然没有考虑自己背后的一些隐性因素，比如自己当时的地位、对燕王的可利用性等。可是现在他成了赵国的罪人，地位已经变了，交朋友的价值也就失去了，他贸然到燕国去，当然很危险。

他人隐私不可揭

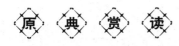

【原文】

　　已有过不当讳。朋友有讳，决当为之讳。讳者，正所以劝其改，玉成其改也。故曰："君子成人之美，不成人之恶。"彼以过失相规为名，而亟亟于成人之恶者，真刻薄小人耳。故于子贡曰："恶讦以为直者。"

——明·陆世仪《思辨录》

【译文】

　　自己有过错不应当隐讳。朋友有缺点，一定要替他遮掩。之所以不随便揭朋友的短，是为了暗地里规劝朋友改正，并加以督促。所以孔子说："君子成全别人的好事，而不促成别人的坏事。"那种以规劝别人改过为名，而实际上是在急切地揭人之短，坏人好事的人，是真正的刻薄小人。因此，孔子的学生子贡说："我憎恶那种貌似直率，而实际是在揭发别人隐私的人。"

第五章——箴诚交友，独具慧眼

【原文】

子贡问友①。子曰："忠告而善道②之，不可则止，毋自辱焉。"

————《论语·颜渊》

【注释】

①友：动词，交友，与朋友相处。

②道：通"导"，劝导。

【译文】

子贡问怎样与朋友交往。孔子回答他说："好意劝告他，善意开导他，他实在不听也就算了，不要自讨没趣。"

家 风 故 事

他人隐私不可揭

春秋末期，齐国和楚国都是大国。有一次，齐王派大夫晏子去访问楚国。楚王仗着自己国势强盛，想乘机羞辱晏子，以显楚国的威风。

楚王知道晏子身材矮小，就叫人在城门旁边开了一个五尺来高的洞。晏子来到楚国，楚王叫人把城门关了，让晏子从这个洞进去。晏子看了看，对接待的人说："这是个狗洞，不是城门。只有访问'狗国'，才从狗洞进去。我在这儿等一会儿，你们先去问个明白，楚国到底是个什么样的国家？"接待的人立刻把晏子的话传给了楚王，楚王只好吩咐打开城门，迎接晏子。

晏子见了楚王，楚王瞅了他一眼，冷笑一声，说："难道齐国没有人了吗？"晏子严肃地回答："这是什么话？我国首都临淄住满了人。大伙儿把袖子举起来，就是一片云；大伙儿甩一把汗，就是一阵雨；街上的行人肩膀擦着肩膀，脚尖碰着脚跟。大王怎么说齐国没有人呢？"楚王说：

"既然有那么多人，为什么打发你来呢？"晏子装着很为难的样子，说："您这一问，我实在不好回答。撒谎吧，怕犯了欺骗大王的罪；说实话吧，又怕大王生气。"楚王说："实话实说，我不生气。"晏子拱了拱手，说："敝国有个规矩：访问上等的国家，就派上等人去；访问下等的国家，就派下等人去。我最不中用，所以派到这儿来了。"说着他故意笑了笑，楚王只好赔着笑。

接着，楚王安排酒席招待晏子。正当他们吃得高兴的时候，有两个武士押着一个囚犯，从堂下走过。楚王看见了，问他们："那个囚犯犯的什么罪？他是哪里人？"武士回答说："犯了盗窃罪，是齐国人。"楚王笑嘻嘻地对晏子说："齐国人怎么这样没出息，干这种事儿？"楚国的大臣们听了，都得意扬扬地笑起来，以为这一下可让晏子丢尽了脸了。哪知晏子面不改色地站起来，说："大王怎么不知道啊？淮南的柑橘，又大又甜。可是橘树一种到淮北，就只能结又小又苦的枳，还不是因为水土不同吗？同样道理，齐国人在齐国安居乐业，好好地劳动，一到楚国，就做起盗贼来了，也许是两国的水土不同吧。"楚王听了，只好赔不是，说："我原来想取笑大夫，没想到反让大夫取笑了。"

从这以后，楚王不敢不尊重晏子了。

楚王有失礼节，晏子知礼且据理力争，几个回合下来，楚王输给了晏子，并且心服口服。假如当初晏子不顾礼节，面对楚王的挑衅勃然大怒，那么结果只会惹来楚国君臣的耻笑而已。

揭他人的短处，有时是故意的，那是互相敌视的双方用来作为攻击对方的武器；揭他人的短处，有时又是无意的，那是因为某种原因一不小心犯了对方的忌讳。有心也好，无意也罢，在待人处世中揭人之短都会伤害对方的自尊，轻则影响双方的感情，重则反目成仇。

人应该有宽广的胸怀，用对待自己来作为参照物对待他人。既不会破坏与他人的关系，也不会将事情弄得僵持而不可收拾。这是尊重他人、平等待人的体现。每个人都有所长，亦有所短，要善于发现别人身上的优点，夸奖其长处，而不要抓住别人的隐私、痛处和短处，大做文章。

第五章

箴诚交友，独具慧眼

小人之友要警惕

【原文】

人中有兽心①，几人能真识。

——唐·孟郊 《择友》

【注释】

①兽心：这里指像野兽一样残忍的心。

【译文】

人中有一些人面兽心的人，对这些人面兽心的人，有几人能识破他们的真实面目和豺狼之心呢？

【原文】

画虎画皮难画骨，知人知面不知心①。

——明·施耐庵 《水浒传》

【注释】

①知人知面不知心：了解人的外表却难以了解人的内心，形容知人之难。

【译文】

画老虎时画外表容易，可要将老虎的气势画出来却很难。了解一个人容易，了解人的内心却很难。

【原文】

画鬼容易画人难。

——战国·韩非《韩非子·外储说左上》

【译文】

由于犬、马、人，人人都见过，画得很像不容易；鬼神，谁都没见过，倒容易画。

【原文】

人不可貌①相②，海水不可斗量。

——元·无名氏《小尉迟》

【注释】

①貌：容貌，外貌。

②相：动词，观察，审视。

【译文】

不能单凭外表判断人的好坏，海水的总量不能用斗来衡量。

【原文】

不可①以②一时之誉③，断④其为君子⑤；不可以一时之谤⑥，断其为小人⑦。

——明·冯梦龙《警世通言·拗相公饮恨半山堂》

【注释】

①可：可以。

②以：因为。

③誉：赞扬，称赞。

④断：动词，判定。

⑤君子：品德高尚的人。

⑥谤：诽谤，无中生有地说坏话。

⑦小人：人格低下卑劣的人。

第五章 箴诚交友，独具慧眼

【译文】

不能因为人们一时都对他称赞，便断定他为君子；也不能因为人们一时都对他批评指责，便断定他为小人。

【原文】

恶①而知其美，好②而知其恶③。

——明·冯梦龙《警世通言·拗相公饮恨半山堂》

【注释】

①恶：动词，憎恨，不喜欢。

②好：动词，喜欢，喜爱。

③恶：形容词，坏的，不好的。

【译文】

对你所喜欢的人，要知道他的缺点，不可偏袒；对你所厌恶的人，要知道他的优点，不可抹杀。

【原文】

观人必于其微①。

——清·李宝嘉《官场现形记》

【注释】

①微：细小之处。

【译文】

观察一个人一定要注意细节和小事。

【原文】

易涨①易退山溪②水，易反易覆③小人心。

——清·周希陶《增广贤文》

【注释】

①涨：动词，水位上升。

②山溪：山间流出的小水流。

③覆：动词，下部朝上翻过来或倾倒。

【译文】

最容易涨退的是山上的溪水，最容易反复无常的就是小人的心。

【原文】

君子①之交淡若水，小人②之交甘若醴③。

——战国·庄子《庄子·山木》

【注释】

①君子：泛指品德高尚的人。

②小人：人格低下卑劣的人。

③醴：名词，甜酒，甘甜的泉水。

【译文】

君子之间的交情，没有猜疑，几乎是像水一样清淡，小人之间的交往，多数为过河拆桥，只是基于酒肉的交情。

【原文】

同恶相助①，同好相留，同情相成，同欲相趋②，同利相死。

——汉·司马迁《史记·吴王（刘）濞列传》

【注释】

①同恶相助：形容坏人相互勾结，狼狈为奸，也作"同恶相济""同恶相求"。恶，恶人，坏人。

②同欲相趋：共同的利益驱动。趋，追求，迎合。

187

第五章｜箴诚交友，独具慧眼

【译文】

憎恶相同的人互相帮助，爱好相同的人互相流连，情感相同的人互相成全，愿望相同的人共同追求，利益相同的人死在一起。

【原文】

君子交绝①，不出恶声②。

——《战国策·燕策二》

【注释】

①交绝：断绝交情。

②恶声：粗鲁的骂声。

【译文】

有道德的人即使绝交也不互相诋毁。

家 风 故 事

薛仁贵与王茂生

薛仁贵年轻时，与妻子住在一个破窑洞中，衣食无着落，全靠邻居王茂生夫妇的接济，生活才得以勉强维持。后来，薛仁贵参军，跟随唐太宗李世民南征北战，立下汗马功劳。当薛仁贵被封为"平辽王"时，前来王府送礼祝贺的文武大臣络绎不绝，可都被薛仁贵婉言谢绝了。

薛仁贵唯一收下的是普通老百姓王茂生送来的两坛美酒。一打开酒坛，负责启封的执事官吓得面如土色，因为酒坛中装的不是美酒而是清水！

"启禀王爷，此人如此大胆，竟敢戏弄王爷，请王爷重重地惩罚他！"岂料薛仁贵听了，不但没有生气，而且命令执事官取来大碗，当众饮下三大碗。在场的文官武将不解其意，薛仁贵喝完三大碗清水之后说：

"我过去落难时，全靠王兄弟夫妇经常资助，没有他们就没有我今天的荣华富贵。如今我不收厚礼、不受美酒，却偏偏要收下王兄弟送来的清水，因为我知道王兄弟贫寒，送清水也是他的一番美意，这就叫君子之交淡如水。"此后，薛仁贵与王茂生一家关系甚密，"君子之交淡如水"的佳话也就流传下来。

第五章｜笃诚交友，独具慧眼

第六章

禁诚处世，进退自知

行走于世间，要懂得虚以处己、以礼待人。如果能够掌握处世的分寸，明事理，知进退，就会为坎坷的人生铺平道路。反之，如果不明就里，不知谨言慎行，就会为本已荆棘密布的人生之路更添崎岖。为人处世，总有逆境与顺境，在逆境中，困难和压力逼迫身心，这时要懂得委曲求全，以待时机；在顺境中，幸运和环境皆有利于自己，这时要懂得谦恭有度，以防过犹不及。

无礼待人难立世

【原文】

接待宾侣，勿使留滞。判急务讫，然后可入问讯，既睹颜色，审起居，便应即出，不须久停，以废庶事①也。凡事皆应慎密，亦宜豫敕②左右，人有至诚，所陈③不可漏泄，以负忠信之款也。古人言："君不密则失臣，臣不密则失身。"或相谮构④，勿轻信受。每有此事，当善察之。声乐嬉游，不宜令过；樗蒲⑤渔猎，一切勿为；供用奉身，皆有节度；奇服异器，不宜兴长。汝嫔侍左右，已有数人，既始至终，未可忽忽，复有所纳。

——刘义隆《诫江夏王义恭书》

【注释】

①庶事：众事，诸事。

②豫敕：预先告诫。

③陈：陈说。

④谮构：进谗言以设计陷害他人。

⑤樗蒲：为两种游戏。

【译文】

接待宾客，不要让人久等。把紧急的事务办完后，就应去问讯来客，见过面，问候他们的日常生活后，就可以离开，不要长时间停留，以免耽误了其他诸事。所做的事都要慎重保密，也应该预先告诫身边的人，如果有人很诚恳地来报告事件，他所陈述的事，决不要泄露出去，以免辜负了忠诚信义这一心意。所以古人说过："国君不为人保密将失去大臣，大臣不做好保密的事将失去生命。"有的是相互进谗言以设计陷害他人，这就不要轻易相信和接受。每当有这类事的时候，就要善于考察真伪。声色之乐，游玩嬉戏，不要玩得过度；赌博渔猎，全都不要去干；供给使用的、维持生活的都要有节制；奇装异服，珍宝玩器，不适合大肆宣扬。你的嫔妃侍从已有好几个人了，从现在起，不能轻易再纳了。

【原文】

夫礼者，所以定亲疏，决嫌疑，别同异，明是非也。礼，不妄说①人，不辞费。礼，不逾节②，不侵侮，不好狎③。

——《礼记》

【注释】

①说：与"悦"通假，让人高兴的意思。

②节：有节制，有限度。

③狎：不恭敬的样子。

【译文】

礼是用来区分人与人关系上的亲疏，判断事情之嫌疑，分辨物类的同异，分明道理之是非的。依礼而说，不可以随便讨人喜欢，不可以说些做不到的话。依礼则行为不越轨，有节制，不侵犯侮慢别人，也不随便不恭敬别人。

【原文】

闻汝等学时俗人，乃有坐而待客者，有驱驰势门者，有轻论人恶者，及见贵胜则敬重之，见贫贱则慢易之，此人行之大失，立身之大病也。

——诸葛亮《诫子孙》

第六章 禁诚处世，进退自知

【译文】

听说你们学现在那些世俗的人，竟然有坐着接待客人的人，有奔走于权贵之门的人，有轻易谈论别人缺点的人，以致看到那些尊贵势强的人就敬仰看重他，看到贫穷卑贱的人就傲慢轻视他，这是做人行为的大过错，立身处世的大害处。

【原文】

念头浓①者自待厚，待人亦厚，处处皆厚；念头淡②者自待薄，待人亦薄，事事皆薄。故君子居常③嗜好，不可太浓艳④，亦不宜太枯寂⑤。

——《菜根谭》

【注释】

①念头浓：心里的想法宽厚。念头，想法、动机。

②淡：薄、浅。

③居常：日常生活。

④浓艳：浓厚，这里指奢侈无度。

⑤枯寂：寂寞到极点，这里指吝啬。

【译文】

一个心里想法深厚的人，不但要求自己的生活富足，而且对待别人也要讲究丰足，因此他凡事都要讲究气派豪华；一个欲念淡薄的人，不但自己过着平淡的生活，对待别人也很淡薄，因此他凡事都表现得冷漠无情。所以一个真正有修养的人，日常生活的喜好，既不过分讲究气派、奢侈无度，也不能过分吝啬刻薄。

【原文】

从于先生，不越路而与人言。遭先生于道，趋①而进，正立拱手；先生与之言，则对，不与之言，则趋而退。

——《礼记》

【注释】

①趋：快走，惶恐不安的样子。

【译文】

跟随先生走路，不要随便跑到路的一边同别人讲话。在路上遇见先生，就要跨大步进前，拱手正立着。若先生和你讲话，你就说；如果没有话讲，则跨大步退到一旁。

【原文】

《礼》云："忌日①不乐②。"正以感慕罔极，恻怆无聊，故不接外宾，不理众务耳。必能悲惨自居，何限于深藏也？世人或端坐奥室③，不妨言笑，盛营甘美，厚供斋食；迫有急卒，密戚至交，尽无相见之理。盖不知礼意乎！

——《颜氏家训》

【注释】

①忌日：旧指父母去世的日子。

②不乐：不奏乐。

③奥室：密室，里面的房屋。

【译文】

《礼记》说："忌日不乐（忌日那天不奏乐）。"正是因为对父母的感激、思念使得人特别郁闷、悲伤，所以既不接待客人，也不料理各种事务。如果真想做到心怀悲痛，又何必非要把自己隐藏起来呢？世上有的人端坐在密室中，却不妨碍他有说有笑，精心准备美味的食物，供应丰盛的斋食。而遇有急事或遇有至亲好友来了，却说在忌日里完全没有接见客人的道理。这其实是不知《礼》的本意呀！

第六章 禁诫处世，进退自知

家 风 故 事

贯高密谋刘邦

　　赵王张敖是赵王张耳的儿子，也是刘邦女儿鲁元公主的夫婿，是驸马，与刘邦外托君臣内属翁婿。

　　汉七年，高祖刘邦从平城经过赵地，赵王张敖早晚亲自供给刘邦饭食，礼节十分卑下，尽女婿之礼。高祖却席地而坐，伸开两只脚责骂他，对他非常傲慢。赵国国相贯高、赵午时年六十多，曾经是张耳的门客，看到后很生气，说："我们的大王太懦弱！"建议张敖说："天下豪杰四起，有能力者先立为主，现在大王对待高祖十分恭敬，而高祖对大王却十分无理，我们请为大王杀了他。"张敖咬破手指回答说："先生说的大错特错！先王亡国，多亏高祖才得以恢复，使恩德传至后代，一丝一毫都是陛下所致，请先生别再说了。"贯高等十余人商量："我们错了，大王是个忠厚长者，不肯背叛道义。但我们不能受辱，现在高祖侮辱大王，所以我们想杀他，和大王无关。事情成功归于大王，失败了我们自己承担。"

　　汉八年，刘邦第二次路过赵国，贯高等人没有再跟张敖商量，而是直接行事，在赵国的柏人县馆舍里安排刺客。然而这次却被刘邦莫名其妙地躲了过去。

　　汉九年，贯高的仇家发现了他们的阴谋，向刘邦秘密报告贯高谋反之事。于是刘邦下令逮捕赵国谋反之人。赵午等十余人都争着要自杀，唯独贯高骂道："谁让你们如此！现在大王并未预谋，却要一并逮捕，你们死了，谁来为大王开脱？"于是与赵王张敖一起被囚车押往长安。贯高被捕后，被鞭笞了数千，浑身也被铁器刺了一遍，身上已经没有可打的地方了，仍然坚持说赵王张敖并没有参加谋反。汉高祖知道后，认为贯高是个壮士，让中大夫泄公以私交去问贯高赵王张敖是否参与谋反之事。

贯高说："谁有不爱自己父母妻儿的？现在我被灭三族了，难道会为了保赵王而牺牲亲人的命吗？只是因为赵王真的没造反，造反的事就是我们自己干的。"汉高祖得知后，释放了赵王张敖，也赦免了贯高，并让泄公去劝贯高为自己服务。当泄公把汉高祖的意思告诉贯高后，贯高摇摇头，说："我之所以被打得体无完肤还不自杀，就是为了告诉皇帝赵王没有造反。现在赵王已经出来了，我的使命也就完成了。何况我有弑君的罪名，哪有什么脸面去见皇帝啊！纵然高祖不杀我，我心里难道就不惭愧吗？"在泄公离开不久，心中没有任何牵挂的贯高就自杀了。

贯高的事迹很快就传遍了朝野上下，人人为之叹息，就连汉高祖刘邦也感慨良多，久久不能释怀。

做事要留余地

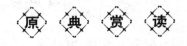

【原文】

言语忌说尽①，聪明忌露尽②，好事忌占尽③。不独奇福难享，造物恶盈，即此三事不留，余人便侧目矣。

——清·孙奇逢《孙夏峰全集·孝友堂家规》

【注释】

①说尽：毫无保留。

②露尽：全部显露。

③占尽：样样占尽。

【译文】

为人处世，说话最忌讳毫无保留，聪明最忌讳全部显露，好事最忌讳样样占尽。不仅意外之福难以享受，上天也忌讳过分圆满，即使是上述三件事不留有余地，旁人也要侧目而视了。

【原文】

居家戒争讼①，讼则终凶②；处世戒多言，言多必失。

——清·朱柏庐《治家格言》

【注释】

①争讼：争辩是非。

②凶：不好的结果。

【译文】

在日常生活中要避免争辩是非，不然的话最终会闹出不好的结果。为人处世要慎言，话多了就必然会出现失误。

【原文】

凡事当留余地，得意不宜再往。

——《朱子家训》

【译文】

做任何事情都要留有余地，得意之后就应适可而止。

【原文】

事事要留个有余不尽的意思，便造物①不能忌我，鬼神不能损我。若业必求满，功必求盈者，不生内变，必召外忧②。

——《菜根谭》

【注释】

①造物：创造天地万物，也可指创造万物的神。《庄子·大宗师》："伟哉！夫造物者将以予为此拘拘者。"

②外忧：外来的攻讦、忌恨、外患。

【译文】

不论做任何事都要留有余地，不要把事情做得太绝，这样即使是创造万物的神也不会嫉妒，也不会遭到神鬼的伤害。假如对一切事物都要求做到尽善尽美的地步，一切功劳都希望能达到登峰造极的境界，即使不为此而发生内乱，也必然会为这些招致外来的攻讦、忌恨。

【原文】

论人惟称其所长，略其所短，切不可扬人之过，非惟自处其厚，亦所以寡怨而弭祸也。若有责善之义，则委曲道之，无为已甚。

——明·庞尚鹏《庞氏家训·崇厚德》

【译文】

议论别人只应称赞别人的优点长处，而对别人的短处简略地一笔带过。一定不要宣扬别人的过失。这不仅可以修身养德，而且还可以少招怨恨，消弭灾祸。如果想规劝别人，也只能委婉地对他讲，不能做得太过分了。

家风故事

不张扬，方可保其全

战国时期，楚怀王的宠妃郑袖，才貌双绝，工于心计。后来，魏王从自己的利益出发，赠给楚怀王一个大美人，人称魏美人。此女娇嫩柔美，眉目传情，真乃绝顶佳丽，把好色的楚怀王搞得神魂颠倒，白日寻欢，夜晚作乐。

智深谋远的郑袖看在眼里，恨在心上，她稍加思索，一计即上心头。

199

她拿出女人温和、柔顺的性情，既不同魏美人争风吃醋，也不显示一点不满的情绪，而是像个知情达理的大姐姐，非常和善地对待魏美人，事事顺着魏美人的性子，还在楚怀王面前赞美魏美人美丽。

魏美人初到楚国时还有些害怕郑袖，但是看到她一贯待自己很好，便没了戒备之心。一日，魏美人亲昵地告诉郑袖："姐姐，在异国他乡遇到您这样的好人，真是幸运呢!"

"快别这么说!"郑袖安慰魏美人道，"咱们同侍一夫，本是骨肉相连的一家人，姐姐不疼爱妹妹，谁来疼爱呢? 常言道，家和万事兴。我们姐妹和睦相处，才是国君的幸事。而且，妹妹能给夫君快乐，我也快乐!"

魏美人闻此言，感动得热泪盈眶，说："姐姐，以后请多多指教小妹怎样使夫君快乐!"

"好说好说，今后我们姐妹和睦相处，就不会出什么差池。"郑袖和颜悦色地回答魏美人的话。

楚怀王见这对如花似玉的宠妃和睦相处，无限欢欣，慨叹道："世人都说女人天生是醋做的，看来也不尽然。我的郑袖就不吃醋，她是真心爱我，她知道我喜欢魏美人，就主动替我照顾她、关心她，使她不思念故国，实在是贤内助啊!"

郑袖见自己的计谋已起作用，暗自高兴。一天魏美人来看郑袖，郑袖似无意地告诉魏美人："大王在我这儿说你非常称他的心，只是嫌你的鼻子略尖了点儿!""那可怎么办呢? 姐姐!"魏美人摸摸鼻子，求秘方似的。

"这也没什么，"郑袖若无其事地说，"你以后再见到大王时，捂住鼻子不就行了吗?"魏美人连称郑袖高明。

此后，魏美人每次见到楚怀王就把鼻子捂起来。楚王暗自惊奇，连连追问，魏美人每次必笑而不语。楚王便问郑袖，郑袖有意把话说个半截儿，含嗔带笑，欲言又止。楚王一直追问，郑袖便装着不情愿的样子，说道："她说她受不了你身上的那种狐臭味!"

"什么! 寡人乃一国之尊，她竟敢嫌弃寡人? 真是无理!"楚王大怒，一掌击在几案上，喊道，"来人! 快去把那贱货的鼻子割下来!"魏美人的鼻子被割掉了，既丑陋，又吓人，永远被打入冷宫。郑袖用计除去了她的情场对手，恢复了她在王宫独自受宠的地位。

助人莫贪回报

【原文】

处世而欲人感恩，便为敛怨①之道；遇事而为人除害，即是导利②之机。

——《菜根谭》

【注释】

①敛怨：收敛、招致怨恨。

②导利：引导、收获利益。

【译文】

为人处世想着要得到别人的感激，这就是为自己聚敛怨恨的道路；遇到事情为别人消除祸患，这就是为自己引导、收获利益的机会。

【原文】

施①惠无念②，受恩莫忘。

——《朱子家训》

【注释】

①施：施恩。

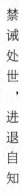

②念：惦念。

【译文】

施恩惠于别人，不要老是记在心里；而如果接受了别人的恩惠，一定要想着报答。

【原文】

怨因德彰，故使人德我，不若德怨之两忘。仇因恩立，故使人知恩，不若恩仇之俱泯。

——《菜根谭》

【译文】

抱怨由于行善而更加明显，可见行善并不一定使人都赞美，所以，与其让人对我感恩戴德，不如将赞美和抱怨都忘却。仇恨由于恩情而种下，所以，与其让人对我知恩图报，不如让恩情与仇恨都消失于无形。

家 风 故 事

居功不图报

《战国策》中记载了这样一个故事：

信陵君杀死晋鄙，拯救邯郸，击破秦兵，保住赵国，赵孝成王准备亲自到郊外迎接他。唐雎对信陵君说："我听人说，事情有不可以让人知道的，有不可以不知道的；有不可以忘记的，有不可以不忘记的。"

信陵君说："你说的是什么意思呢？"

唐雎回答说："别人厌恨我，不可不知道；我厌恨人家，又不可以让人知道。别人对我有恩德，不可以忘记；我对人家有恩德，不可以不忘记。如今您杀了晋鄙，救了邯郸，破了秦兵，保住了赵国，这对赵王是很大的恩德啊，现在赵王亲自到郊外迎接您，我们仓促拜见赵王，我希望您能忘记救赵的事情。"

信陵君说："我谨遵你的教诲。"

信陵君杀死晋鄙、保住赵国的义行是一种"施人"之举，接受赵孝成王的礼遇厚待也是理所当然的事，但是唐雎却让信陵君忘记救赵的事情。表面上看来唐雎的建议无非是让信陵君放弃理所应得的酬劳，实则是在教他高明的处世哲学——淡忘功劳。这则故事告诉我们：要正确对待自己和别人，不居功自傲，对别人应知恩必报。

西汉宣帝刘询当政时，渤海（今河北沧州一带）及邻近各郡发生饥荒，盗贼蜂起，郡太守们不能制止。宣帝要选拔一个能够治理的人，丞相和御史都推荐龚遂，宣帝就任命他为渤海郡太守。

当时龚遂已经70岁了。皇上召见时，见他身材矮小，其貌不扬，不像有本事的样子，心里颇看不起他，便问道："你能用什么法子平息盗寇呀？"

龚遂回答道："辽远海滨之地，没有沐浴皇上的教化，那里的百姓处于饥寒交迫之中而官吏又不关心他们，因而，那里的百姓就像是陛下的一群顽童，偷拿陛下的兵器在小水池边舞枪弄棒一样打斗了起来。现在陛下是想让臣把他们镇压下去，还是去安抚他们呢？"

宣帝一听他讲的这番道理，便神色严肃起来，说："我选用贤良的臣子任太守，自然是想要安抚百姓的。"

龚遂说："臣下听说，治理作乱的百姓就像整理一团乱绳一样，不能操之过急。臣希望丞相、御史不要以现有的法令一味束缚我，允许臣到任后，诸事均根据实际情况灵活处理。"宣帝答应了他的请求，并派驿传将龚遂送往渤海郡。

郡中官员听说新太守要来上任，便派军队迎接、护卫。龚遂把他们都打发回去了，并向渤海所属各县发布文告：将郡中追捕盗贼的官吏全部撤免，凡是手中拿的是锄、镰等农具的人都是良民，官吏不得拿问，手中拿着兵器的才是盗贼。龚遂单独乘驿车来到郡府。闹事的盗贼们知道龚遂的教化训令后，立即瓦解散伙，丢掉武器，拿起镰刀、锄头种田了。

第六章

禁诫处世，进退自知

经过几年治理，渤海一带社会安定，百姓安居乐业，温饱有余。龚遂也因此名声大振。于是，汉宣帝召他还朝。龚遂有一个属吏王先生，请求随他一同去长安，说："我对你会有好处的！"其他属吏却不同意，说："这个人，一天到晚喝得醉醺醺的，又好说大话，还是别带他去为好！"

龚遂说："他想去就让他去吧！"

到了长安后，这位王先生终日还是沉溺在醉乡之中，也不见龚遂。可有一天，当他听说皇帝要召见龚遂时，便对看门人说："去将我的主人叫到我的住处来，我有话要对他说！"一副醉汉狂徒的嘴脸，龚遂也不计较，还真来了。

王先生问："天子如果问大人如何治理渤海，大人当如何回答？"

龚遂说："我就说任用贤才，使人各尽其能，严格执法，赏罚分明。"

王先生连连摆头道："不好！不好！这么说岂不是自夸其功吗？请大人这么回答：'这不是小臣的功劳，而是天子的神灵威武所感化！'"

龚遂接受了他的建议，按他的话回答了汉宣帝，宣帝果然十分高兴，便将龚遂留在身边，任以显要而又轻闲的官职。

切知言多必失

原　典　赏　读

【原文】

万事不由人计较，一生都是命安排。人间私语，天闻若雷。暗室亏心，神目如电。

——《增广贤文》

【译文】

凡事不要太计较，许多事情都是命里安排好的。人们之间的私房话，在上天听来也像雷一样响亮、清晰。在暗室所做的亏心事，神的眼睛会像电光一样看得清清楚楚。

【原文】

是非只为多开口，烦恼皆因强出头。忍得一时之气，免得百日之忧。近来学得乌龟法，得缩头时且缩头。惧法朝朝乐，欺公日日忧。

——《增广贤文》

【译文】

招惹是非都是因为讲话太多，遇到烦恼都是因为逞强出头。能忍住一时的气，就能避免长久的忧愁。近来学了一种乌龟缩头法，该缩头时就缩头。知道惧怕刑法的人每天都会过得很快乐，损公肥私的人每天都会过得忐忑不安。

【原文】

事以①密成，语以泄败。

——战国·韩非《韩非子·说难》

【注释】

①以：介词，引进动作行为的原因，相当于"因为""由于"。

【译文】

事情由于保密而成功，话语因为泄露而失败。

【原文】

士君子之涉世，于人不可轻①为喜怒，喜怒轻，则心腹肝胆皆为人所窥②；于物不可重为爱憎，爱憎重，则意气精神悉为物

第六章 禁诫处世，进退自知

所制。

——《菜根谭》

【注释】

①轻：轻易。

②窥：看，偷看。

【译文】

君子为人处世，不能轻易对别人表露自己欢喜与愤怒的感情。如果轻易表示自己欢喜与愤怒的感情，自己的内心世界就会被别人看清楚；对于各种事物来说，不能过于喜欢或者讨厌，如果过于喜欢或憎恶某种事物，那么自己的精神意志就都被这种事物所制约。

【原文】

士君子之处世，贵能有益于物耳，不徒高谈虚论，左琴右书，以费人君禄位也。

——《颜氏家训》

【译文】

士君子立身处世，贵在能有益于他人和社会，不能只是高谈空论，弹弹琴，写写字，虚耗君王的俸禄、官位。

【原文】

病从口入，祸从口出。凡饮食不知节，言语不知谨，皆自贼①其身，夫谁咎②？

——《庞氏家训》

【注释】

①贼：伤害。

②夫谁咎：又去怪谁呢？

【译文】

病从口入，祸从口出。饮食不知道节制，言行不知道谨慎，都是自己伤害自己，这些都能怪谁呢？

【原文】

言满天下，无口过①；行满天下，无怨恶②。

——《孝经·卿大夫章》

【注释】

①口过：说话的过失，失言。

②恶：憎恶，怨恨。

【译文】

言语、行为皆合法度，因而没有错误和怨恨。

【原文】

善行，无辙迹①；善言，无瑕②谪③。

——春秋·老子《老子·二十七章》

【注释】

①辙迹：车轮在地上碾出的痕迹。

②瑕：玉的斑点，跟"瑜"相对，比喻缺点。

③谪：动词，谴责。

【译文】

善于行走的人不会留下痕迹，善于说话的人不会留下瑕疵让人谴责。

【原文】

无稽之言①，不见②之行，不闻③之谋，君子慎④之。

——战国·荀子《荀子·正名》

【注释】

①无稽之言：没有根据，无从查考的话。稽，核查。

②不见：没有见过。

③不闻：没有听说过。

④慎：形容词，谨慎，小心。

【译文】

无法考察、验证的言论，没有见过的行为，没有听说过的计谋，君子都要慎重对待。

【原文】

忠言逆耳利于行，良药苦口利于病。

——汉·司马迁《史记·留侯世家》

【译文】

诚恳劝诫的话，听起来不顺耳但是有利于行动；苦口的药虽然很倒胃口，但却有利于自己的病。

【原文】

劲操①比松寒不挠②，忠言③如药苦非甘④。

——宋·王安石《送江宁彭给事赴阙》

【注释】

①劲操：坚贞的节操。

②挠：动词，弯曲，比喻屈服。

③忠言：诚恳劝诫的话。

④甘：形容词，甜，跟"苦"相对。

【译文】

坚贞的节操像松柏，不屈服严寒；诚恳劝诫的话像良药，苦口并不甘甜。

【原文】

慎于言者不哗①，慎于行者不伐②。

——汉·韩婴《韩诗外传》

【注释】

①哗：形容词，指哗众取宠。

②伐：动词，自我夸耀。

【译文】

说话谨慎的人不哗众取宠，行为谨慎的人不自我夸耀。

【原文】

欲①人勿②闻③，莫若④勿言；欲人勿知，莫若勿为⑤。

——《汉书·枚乘传》

【注释】

①欲：动词，想要，希望。

②勿：副词，不，别。

③闻：动词，听见，知道。

④莫若：动词，不如。

⑤为：动词，做。

【译文】

若想人家听不到，除非你不说；要想人家看不到，除非你不做!

【原文】

言重①则有法②，行重则有德，貌重则有威，好③重则有观④。

——汉·扬雄《法言·修身》

【注释】

①重：形容词，不轻率，庄重。

②法：规范，标准。

③好：动词，喜欢，喜爱。

④观：值得观看。

第六章 禁诫处世，进退自知

【译文】

言语慎重就合乎原则，行为稳重就合于道德，举止庄重就会有威仪，爱好执着就值得人重视。

【原文】

言轻①则招②忧③，行轻则招辜④，貌轻则招辱，好轻则招淫⑤。

——汉·扬雄《法言·修身》

【注释】

①轻：形容词，不庄重，轻浮。

②招：动词，引来（某种结果或反应）。

③忧：名词，忧患。

④辜：名词，罪，罪过。

⑤淫：形容词，淫欲，淫荡。

【译文】

言语轻浮，就会招来忧患；行为轻浮，就会招来灾祸；外貌轻浮，就会招来羞辱；嗜好轻浮，就会招致淫邪。

【原文】

多言①不可与远谋②，多动③不可与久处④。

——隋·王通《文中子·魏相》

【注释】

①多言：过多地说话，不该说而说。

②远谋：深远的计谋，长远的打算。

③多动：经常变动，富于变动。

④久处：长时间相处。

【译文】

对于喜欢说道的人，不能与之商议重大的事情；对于轻举妄动的人，不能与之长期相处。

灌夫之死

汉朝有一位将军名叫灌夫，英勇善战，疾恶如仇，可谓一代枭雄。但这个人说话锋芒毕露，毫不顾忌别人的感受。有一次，丞相请他喝酒，在酒宴上，两个人因为小事起了争执。灌夫一气之下，把丞相的种种不为人知的恶事公之于众，害得大家都不欢而散。灌夫过了嘴瘾，解了一时之气，但也因此付出了惨痛代价。丞相利用自己是皇帝舅舅的身份，"合情合理"地把灌夫杀了。

滥言舌枯

从前有一个人叫祝期生，这个人一向喜欢说别人的坏话，还经常夸大其词、无中生有。遇见相貌丑陋的人，就要嘲笑人家的外貌。遇见英俊的人，他又心生嫉妒，恶意诋毁。遇见愚笨的人，他就嘲笑人家的智商，取笑人家的言行。遇见聪明的人，他就言行上欺负人家，挤对人家。遇见穷人他就瞧不起，遇见富人他就诽谤诋毁。看到别人浪费他要言语刺激，看到人家节俭他也要骂上几句。别人说好话，他说人家口是心非。看见别人做了一件好事，他就说："为什么只做这一件呢，还有好多好事，他怎么不做呢？"这个人一辈子就是这样，口无遮拦。到了晚年的时候，祝期生得了一种病，舌头发黄，必须用针去刺舌头，挤出一碗血，他才能康复。他就不停地用针去刺自己的舌头，挤出血来。尽管如此，病情也没有好转，一年后他的舌头反而开始慢慢地枯萎，最后人也因此丧命。

涉世持身勿染

【原文】

澹泊①之士，必为浓艳者②所疑；检饬③之人，多为放肆者所忌。君子处之，故不可少变其操履④，亦不可太露其锋芒⑤。

——《菜根谭》

【注释】

①澹泊：清静不争。

②浓艳者：热衷荣华富贵权势名利的人。

③检饬：谨慎检点，自我约束。

④操履：操守与行动。操，操行。履，实践行动。

⑤锋芒：刀剑的尖端，比喻人的才华和锐气。

【译文】

一个淡泊宁静的人，必然会受到那些追求名利的人怀疑；一个言行谨慎自律的人，必然会被放肆的小人所猜忌。有德行的君子面对这种情况，固然不可以使自己的德行有丝毫改变，同时也不可以过于表现自己的才华和锐气。

【原文】

持身涉世，不可随境而迁。须是大火流金①，而清风穆然②；严霜杀物，而和气蔼然③；阴霾④翳⑤空，而慧日⑥朗然⑦；洪涛倒海，而砥柱屹然。方是宇宙内的真人品。

——《菜根谭》

【注释】

①大火流金：形容天气非常炎热。流，销熔。流金，使金子熔化。

②穆然：静思的样子，这里指柔和的样子。

③蔼然：温柔可亲的样子。

④阴霾：天气阴沉，昏暗。

⑤翳：遮蔽。

⑥慧日：佛家语，佛的智慧就像太阳那样普照世间，因此称之为慧日。

⑦朗然：清澈明亮的样子。

【译文】

把持身心满足世事，不可以随着环境的改变而改变自己的道德品行。需要像在大火流金那样酷热的环境下，依然能如清风那般轻柔；处在严霜酷寒的环境下，依然能保持满腔和气；处在阴沉昏暗、不见天日的环境中，依然能保持清澈明朗；在怒涛汹涌、翻江倒海的环境中，能够像中流砥柱那样屹立不倒，这才是天地间真正优良的人品。

【原文】

故曰：丹可灭而不能使无赤，石可毁而不能使无坚。苟无丹之性，必填浸染之由。

——颜延之《庭诰》

【译文】

所以说可以把丹砂毁灭，但不能使它的红色消除；可以将石头粉碎，但不能使它不坚硬。假如一个人没有丹砂、岩石一样的品行，就一定要谨慎防止被污染变坏。

【原文】

丈夫为吏，正①坐②残贼免，追思其功效，则复进用矣。一坐软弱不胜任免，终身废弃无有赦③时，其羞辱甚于贪污坐赃。慎毋然。

——《诫诸子》

【注释】

①正：即使，纵使。

②坐：特指被治罪的原因，即"因……治罪"。

③赦：免罪，减罪。

【译文】

大丈夫做官，纵使因为治理民众过于残酷而被罢免，但当朝廷追思他过去的功绩时，他就会再被任用。然而另有一等人，一旦因为软弱不能胜任而罢免，以致终身废弃不再会赦免复官时，那种羞愧和耻辱甚至比贪污纳赃的罪过更为严重。希望你们谨慎记取，千万不要使这种羞辱落在你们身上。

【原文】

彼富我仁，彼爵我义，君子故不为君相所牢笼①；人定胜天②，志一动气③，君子亦不受造化④之陶铸⑤。

——《菜根谭》

【注释】

①牢笼：牢的本义是指养牛马的地方，此含有限制、束缚等意。《淮南子·本经》："牢笼天地，弹压山川。"

②人定胜天：指人如果能艰苦奋斗，必然能战胜命运而成功。

③志一动气：志是一个人心中对人生的一种理想愿望；一是专一或集中；动是统御、控制发动；气是指情绪、气质、禀

赋。《孟子·公孙丑》："志一则动气，气一则动志。"

④造化：命运。

⑤陶铸：陶是范土制器，铸是熔金为器。

【译文】

别人有财富我坚守仁德，别人有爵禄我坚守正义，所以一个高风亮节的君子绝对不会被君主的高官厚禄所束缚或收买。人的智慧能战胜大自然，理想意志可以转变自己的感情气质，所以一个有才德理智的君子绝对不受命运的摆布。

【原文】

贫寒休要怨，富贵不须骄。善恶随人作，祸福自己招。奉劝君子，各宜守己，只此呈示，万无一失。

——《增广贤文》

【译文】

贫寒不要怨天尤人，富贵也不要骄纵狂妄。好事坏事都随人去做，不管祸福都是自己招来的。奉劝各位有才德的人，各自坚守本分。只要按照以上的准则行事，就不会有闪失。

家 风 故 事

孔子被困

孔子周游列国，在蔡国待了三年都得不到重用。这时楚昭王向孔子提出了邀请，于是孔子想要率领众弟子前往楚国。陈、蔡两国的大夫得知这个消息，很是吃惊，他们怕楚国因重用孔子而变得强大起来，从而威胁到自己。于是陈、蔡两国联合发兵，把孔子和他的弟子们围了个严严实实。

孔子和弟子们与外界完全断绝了联系，没有粮食，最后连野菜也吃完了，很多人因此病倒了。孔子知道弟子中很多人有怨言，便把子路叫到跟前，问："是不是我们的学问不对头，要不怎么会沦落到这个地步呢？"

子路早就心存疑虑，迫不及待地说："我以前就听过一句古话，为善者天报之以善，为恶者天报之以祸。老师您天天讲仁义道德，我们却处处碰壁，不知是我们仁德不够，还是智慧不够呢？"孔子呵呵笑道："如果有仁德就能让人信服，伯夷、叔齐就不会饿死；如果有智慧就可以行得通，那么比干就不会被挖心。博学而没有机遇的人多了，怎么会只有我孔丘一人呢？"

子路忍不住又问："既然这样，您为什么还要讲求仁义四处奔波呢？"孔子想了想，说："芝兰生于深林，不以无人而不芳；君子修其道德，不为穷困而改节。至于结局如何，那就听从命运的安排吧。"

孔子认为，做人应该像芝草兰花一样，不要因为无人欣赏身处困境而改变气节。孔子用这样的话语激励处于困境中的弟子，帮他们调整心态，而自己却依旧传道授业、弹琴唱歌，终于等来了救兵，顺利渡过了难关。

段干木不走仕途

战国时，段干木学成自孔子的弟子子夏，是当时很有名的学者。尽管他很有才能，但始终不愿做官。魏国国君魏文侯曾经登门拜访他，想授给他官爵。段干木却避而不见，越墙逃走。他的这一举动不仅没有惹怒魏文侯，反而让魏文侯更加敬重自己。从此以后，魏文侯每次乘车路过他家门时，就下车扶着车前的横木走过去，以表示对段干木的尊敬。

魏文侯的车夫对此十分不解，便问："段干木不过一介草民，您经过他的草房表示敬意，他却置之不理，这样未免有点太过分了吧？"

魏文侯答道："段干木是一位贤者，他在权势面前不改变自己的原则，是君子之道的表现。他虽隐居于贫穷的里巷，而名声却远扬千里之外，我经过他的住所怎敢不对他表示敬意呢？他因有德行而取得荣誉，我因占领土地而取得荣誉；他有仁义，我有财物。土地不如德行，财物不如仁义。这正是值得我学习、尊敬的人，所以我再怎么表达我的敬意都不为过。"

后来，魏文侯见到了段干木，诚恳地邀请他出任国相，段干木谢绝了。但通过一次倾心交谈，二人成为莫逆之交。

没过多久，秦国想兴兵攻打魏国，司马唐雎向秦国国君进谏道："段干木是贤人，魏国礼遇他，天下没有不知道的。像这样的国家，恐怕不是能用军队征服的吧！"秦国国君觉得有道理，于是按兵不动，魏国因此逃过一劫。

在上古先秦歌谣中，曾有："吾君好正，段干木之敬。吾君好忠，段干木之隆。"段干木对功名富贵的厌恶，是他追求洒脱的独特个性和儒家道德规范融合的结果。他虽然终身不仕，却不是真正与世隔绝的山林隐逸一流，而是隐于市井穷巷，隐于社会底层的平民百姓中，进而"厌世乱而甘恬退"，不屑与那些趁战乱而俯首奔走于豪门的游士和食客为伍。这样的选择，实际上也是另外一种忠诚。

不可优柔寡断

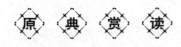

【原文】

人肯当下休，便当下了。若要寻个歇处，则婚嫁虽完，事亦不少。僧①道②虽好③，心亦不了。前人云："如今休去便休去，若觅了时无了时。"见之卓矣。

——《菜根谭》

【注释】

①僧：僧人。

②道：道士。

③好：美、善，此处指清静、没干扰。

【译文】

一个人无论做什么事，想要罢手时，就要当机立断结束。如果犹疑不决，想要找个更好的时机，那就像男婚女嫁一样，虽然婚事办完了，以后的家务和夫妻儿女之间的琐事却会接踵而来。出家当和尚和道士虽然不被人打扰能获得暂时的清净，他们的七情六欲却未必能够全部清除。古人说得好："现在能罢休就赶紧罢休，若想再找个机会罢休，恐怕就永远没了罢休的机会。"这真是极高明的见解啊！

【原文】

当断不断①，反受其乱。

——汉·司马迁 《史记·齐悼惠王世家》

【注释】

①当断不断：应当决断的事情，不能做出决断，指遇事犹豫不决，不能当机立断。断，决断。

【译文】

办事犹豫不决，反遭受祸害牵累。

【原文】

欲投鼠而忌①器②。

——汉·班固 《汉书·贾谊传》

【注释】

①忌：顾忌。

②器：用具。

要打老鼠又怕打坏老鼠旁边的器物。比喻想打击坏人，又有所顾忌，怕伤害了他旁边的无辜者。

家 风 故 事

西门豹果断除迷信

魏国有个城池叫邺（今河北省临漳县西），是魏国的边远地区，但在军事上却是个重要的地方。魏文侯觉得必须派一个得力的人去把守和治理，以便防备韩、赵的侵犯。他考虑来考虑去，最后选中了西门豹，决定任命西门豹为邺城的最高行政长官——县令。

西门豹来到邺城上任，只见田地荒芜，人烟稀少，市场萧条，一片荒凉景象。西门豹把当地父老请来，询问缘由。父老们个个愁眉苦脸，唉声叹气地说："都是为了给河伯娶媳妇才闹到这般田地啊！"西门豹听了莫名其妙，问："谁是河伯？他娶媳妇，为什么把这儿糟蹋成这个样子呢？"父老们一五一十地告诉了他。

原来，这地方有一条大河，名叫漳河。每逢夏天，山洪暴发，河水经常泛滥成灾。当地有一种迷信说法，说主管漳河的水神河伯，每年都要娶一位漂亮的姑娘，如果及时挑选姑娘嫁给他，他就会保佑地方上风调雨顺，五谷丰登；不然的话，他就会发脾气，兴风作浪，冲毁房屋，淹没田地。

为了得到河伯的保佑，每年春天，刚刚耕地播种的时候，巫婆就挨家挨户挑选闺女，看见哪一个穷苦人家的姑娘长得俊，就说："她应当去做河伯夫人。"就这样把人家亲生骨肉活活给拆散。谁家愿意把闺女嫁给河伯呀，所以纷纷拉家带口逃走了。这样一来，这一带人家越来越少，地也就渐渐荒了。

西门豹听到这里，心里明白了八九分，又问："你们现在每年还按时

给河伯送姑娘吗?""怎么敢不送啊!""那就不会发大水,你们该安居乐业啦!为什么还要远走他乡呢?"这一问像戳到了大伙儿的心窝子,父老们又七嘴八舌地说开了。有的说:"这二年虽然没发大水,可一到旱季,土地龟裂,庄稼枯死,不得不去逃荒要饭!"还有的说:"苛捐杂税太多了!光是给河伯婆媳妇,每年就要我们老百姓出上百万的钱,大部分都进了巫婆、乡绅的腰包。真是'不嫁河伯,大水成河;嫁了河伯,肥了巫婆',一点不假呀!"西门豹越听越气愤,又问:"难道你们就情愿忍受,不敢说个不字吗?"父老们说:"不行啊。巫婆说这是天命,天命怎么能违抗呢?"西门豹想了一想,转口说:"河伯既然这样灵,下回办喜事告诉我一声,我也去给河伯道喜。"

到了给河伯送媳妇那天,当地的各级官吏、各路乡绅、里长、衙役都到了,远近来看热闹的有好几百人。送亲活动安排得分外隆重。这天,西门豹也来到了现场,那些官吏连忙把巫婆领来参见。西门豹一看,原来是个七十多岁的老妖婆。二十几个女弟子,打扮得花枝招展,跟在她后头。西门豹见了,真是气不打一处来,可是又不好发作,就说:"大巫劳驾,请你把河伯夫人带上来,我看看长得怎么样。"众弟子把一个哭得泪人似的姑娘搀上来。西门豹看了看,说:"河伯是贵神,给他找的夫人必须特别漂亮才行。这个女孩子模样中等,我看配不上。请大巫辛苦一趟,替我报告河伯,就说我县令要挑个更好的姑娘,改在后天送上。"说完,命令兵士把老妖婆抱起来,"扑通"一声扔到河里去了,周围的人看到这个情景都吓呆了。西门豹却不动声色地站在河边上,装出一副专心等候的样子,过了半天才慢慢地说:"看来大巫上了岁数,干事不麻利,到河伯那儿去了半天,也不捎个话儿回来。请大弟子去催一下吧!"说着,又让兵士把大弟子扔到河里去了,只见这位大弟子在河里扑腾了几下也没影儿了。过了一会儿,西门豹又装作不耐烦地说:"怎么去了多半天也不回来啊!"让兵士又先后把两个弟子扔到河里去了。当然,除了激起几片浪花以外,依旧没有任何反响。西门豹又说:"大巫、弟子都是女的,可能说不清楚,请乡绅们再辛苦一趟吧!"那些平时作威作福的老爷吓得撒腿想要溜，西门豹让兵士上前，连拉带拽，把几个乡绅扔到河里去了。人们起初感到意外和吃惊，后来看到一个个作恶多端的吸血鬼都淹死了，心里别提有多痛快啦！他们慢慢明白过来，什么神啦鬼啦，全是这些吸血鬼编出来骗人的。不然，他们平常把河伯说得那么活灵活现，这会儿怎么一点也不灵了呢！想到这儿，他们更佩服西门豹了。西门豹呢，毕恭毕敬地站在那儿，侧耳聆听，等候回音，足足有一个时辰。那些乡绅官吏、里长衙役，一个个面如土色，胆战心惊，唯恐县令发话。偏偏这时候西门豹又开口了："派去的这几位乡绅岁数也太大了……"话没说完，那些人心里一哆嗦，知道厄运将要轮到自己头上了，都"扑通"一声，一齐跪下，跟捣蒜一样磕起头来，连声哀求"饶命"，那副狼狈相惹得大家大笑起来。这时候，西门豹转过脸来，对大伙儿说："你们看，滔滔河水，长流不息，河伯在哪儿呢？他们平白编出个河伯来，盘剥百姓，坑害民女，罪孽太大了，真恨不得把他们统统扔到河里去，偿还血债！"那些家伙自知有罪，都说："这……这……都是巫婆瞎编的谎话，求……求大人饶了我们吧！"西门豹严肃地警告他们："今后谁要再说什么河伯娶媳妇，就派他做媒人，先送他到河伯那儿去！"

接着西门豹派出兵士把这帮坏蛋从老百姓那里盘剥来的财物全部索了回来，发还给老百姓。那群侍候巫婆的女弟子也被赶跑了，河伯娶媳妇的迷信就这样破除了。一些逃荒避难的人家听到消息，纷纷又回来了。

西门豹懂得，要恢复和发展农业生产，光破除迷信还不行，还必须消除水患，兴修水利。于是他亲自带人察看地形，发动群众在漳河两岸挖了十二条水渠。这样，不仅分散了水势，免除了水涝灾害，而且可以引漳河的水灌溉农田，促进了农业生产的发展。

第六章 禁诫处世，进退自知

第七章

圣诚养生，摒弃恶习

身体发肤，受之父母。身体是父母给予我们的最宝贵的礼物，所以我们不能不爱护自己的身体，要学会养生，摒弃掉恶习。下面就跟随本章体会一下古人的养生之道。

饮酒不可无度

【原文】

夫酒所以行礼、养性命、为欢乐也，过则为患，不可不慎。凡为主人，饮客①，使有酒色而已，无使至醉。若为人所强，必退席长跪；称父诫以辞之。若为人所属②下，坐行酒，随其多少，犯令行罚③，示有酒而已，无使多也。祸变之兴常于此作，所宜深慎。

——《家诫》

【注释】

①饮客：请客饮酒。

②属：嘱咐，要求。

③犯令行罚：触犯酒令，要加以罚酒。

【译文】

酒是用来行使礼节、颐养性命、助人欢乐的饮品，过量就会变成祸患，不能不小心谨慎。凡是作为主人，请客饮酒，只要使客人脸上略有酒色就可以了，不要让客人喝到大醉。作为客人，如果主人强行让你再饮一些，你就要退席长跪，说家父训诫不准多饮来推辞掉。如果被人邀请一起去饮酒，你可以坐在下坐，随着别人后面多少喝一点，违犯酒令加以罚酒的时候，你举杯示意自己有酒就可以了，不要让自己喝多了。祸患变故往往就发生在过量饮酒上，这是应该深刻警惕的。

【原文】

勿贪意外之财，勿饮过量之酒。

——《朱子家训》

【译文】

不要贪图意外得来的来历不明的财物（那样往往得不偿失），不要喝太多的酒（那样容易伤身体、乱心性）。

【原文】

今朝有酒今朝醉，明日愁来明日愁。路逢险处须回避，事到头来不自由。药能医假病，酒不解真愁。

——《增广贤文》

【译文】

今天有酒今天就喝个一醉方休，明天的愁事明天再去考虑好了。人在遇到险阻的时候应当回避，事情临到头上就由不得自己了。药物可以医治不严重的身体上的病，饮酒却无法消解真愁。

【原文】

酒以成礼①，过②则败德。

——陈寿《三国志·吴书·陆凯传》

【注释】

①礼：名词，礼仪。

②过：动词，超出，过量。

【译文】

饮酒可以成为礼仪，但是饮酒过量就会败坏德行。

225

第七章 圣诚养生，摒弃恶习

【原文】

不贪花酒①不贪财，一世无病无害。

——冯梦龙《警世通言》

【注释】

①花酒：过去多指到妓院吃喝玩乐，泛指奢侈的生活。

【译文】

不贪恋吃喝玩乐，不贪恋钱财，一生一世都不会有病，也不会有灾难。

家 风 故 事

中国古代禁酒令

在中国历史上，夏禹可能是最早提出禁酒的帝王。相传"帝女令仪狄作酒而美，进之禹，禹饮而甘之，遂疏仪狄而绝旨酒。曰，后世必有以酒亡其国者"。在此，"绝旨酒"可以理解为自己不饮酒，但作为最高统治者，"绝旨酒"的目的大概不仅仅局限于此，而是表明自己要以身作则，不被美酒所诱惑，同时大概也包含有禁止民众过度饮酒的想法。

事实证明夏禹的预见是正确的。夏朝和商朝的最后一位国君都是因为酒引来杀身之祸而导致亡国的。从史料记载及出土的大量酒器来看，夏商二代统治者饮酒的风气十分盛行。夏桀"作瑶台，罢民力，殚民财，为酒池糟。纵靡靡之乐，一鼓而牛饮者三千人"。夏桀最后被商汤放逐。商代贵族的饮酒风气并未收敛，反而愈演愈烈。出土的酒器不仅数量多，种类繁，而且其制作巧夺天工，堪称世界之最。这充分说明统治者是如何沉湎于酒的。据说商纣王饮酒七天七夜不歇，酒糟堆成小山丘，酒池里可行舟。据研究，商代的贵族们因长期用含铅的青铜器饮酒，造成慢性中毒，致使战斗力下降。酗酒成风被普遍认为是商代灭亡的重要原因。西周统治者在推翻商代的统治之后，发布了我国最早的禁酒令《酒诰》。其中说到不要经常饮酒，只有祭祀时才能饮酒。对于那些聚众饮酒的人，抓起来杀掉。在这种情况下，西周初中期，酗酒的风气有所收敛。这点可从出土的器物中，酒器所占的比重减少得到证明。《酒诰》中禁酒之教基本上可归结为无彝酒、执群饮、戒缅酒，并认为酒是大乱丧德、亡国的根源。这构成了中国禁酒的主导思想之一，成为后世人们引经据典的典范。

西汉前期实行"禁群饮"的制度，相国萧何制定的律令规定："三人以上无故群饮酒，罚金四两。"这大概是西汉初，新王朝刚刚建立，统治者为杜绝反对势力聚众闹事，故有此规定。禁群饮，这实际上是根据《酒诰》而制定的。

禁酒时，由朝廷发布禁酒令。禁酒也分为数种，一种是绝对禁酒，即官私皆禁，整个社会都不允许酒的生产和流通。一种是局部地区禁酒，这在有些朝代如元朝较为普遍，主要原因是不同地区，粮食丰歉程度不一。一种是禁酒曲而不禁酒，这是一种特殊的方式，即酒曲是官府专卖品，不允许私人制造，属于禁止之列。没有酒曲，酿酒自然就无法进行。还有一种禁酒是在国家实行专卖时，禁止私人酿酒、运酒和卖酒。

历史上禁酒极为普遍，除了以上政治原因外，更多的还是因为粮食问题引起的。每当碰上天灾人祸、粮食紧缺之时，朝廷就会发布禁酒令。而当粮食丰收，禁酒令就会解除。禁酒时，会有严格的惩罚措施。如发现私酒，轻则罚没酒曲或酿酒工具，重则处以极刑。

第七章　圣诚养生，摒弃恶习

不可不惜己身

【原文】

念头昏散①处，要知提醒；念头吃紧时，要知放下。不然恐去昏昏之病，又来憧憧②之扰矣。

——《菜根谭》

【注释】

①昏散：不清楚，不集中。

②憧憧：往复不绝，形容心意摇摆不定。

【译文】

当头脑感觉到昏沉、思想不集中的时候，要知道提醒自己集中精神；当感到精神过于紧张烦躁的时候，要知道放松身心。不然的话，恐怕刚治好头脑昏沉、精神散乱的毛病，又陷入被过多的思绪困扰之中。

【原文】

夫养生者先须虑祸，全身保性，有此生然后养之，勿徒养其无生也。单豹养于内而丧外，张毅养于外而丧内①，前贤所戒也。嵇康著《养身》之论，而以傲物②受刑；石崇③冀服饵④之征⑤，而以贪溺取祸，往世之所迷也。

夫生不可不惜，不可苟惜。涉险畏之途，干祸难之事，贪欲以伤生，谗慝⑥而致死，此君子之所惜哉！

——《颜氏家训》

【注释】

①"单豹"二句：见于《庄子·达生》，说鲁国有个叫单豹的人，善于保养身心，但不幸遇到饿虎，结果被饿虎吃掉；有个叫张毅的，到处奔走，结果害内热之病死掉。

②物：这里指人。

③石崇：西晋人，传见《晋书》。以劫掠客商而致富。深爱妓女绿珠，孙秀求之，不与，以致母亲兄弟妻子皆被杀害。

④服饵：指服食药物。

⑤征：有征验，有效。

⑥谗慝：进谗言，奸诈。

【译文】

养生的人首先应该考虑避免祸患，保全性命。有了性命然后才得以保养它；不要徒然保养不存在的所谓长生不老的生命。单豹善于保养身心，但不去防备外界的饿虎，结果被饿虎吃掉；张毅善于防备外界的灾害，但因体内的病而致死。这些都是前人的教训。嵇康写有《养生》的论著，但因为人傲慢而受到刑罚；石崇希望服药延年益寿，却因贪财和沉溺女色而遭杀害。这都是前代人的糊涂。

生命不能不爱惜，也不可以无原则地爱惜。走上危险可怕的道路，做招来灾祸的事情，因贪恋欲望而损伤身体，因进谗言，行为奸邪而致死，这些都是君子所痛惜的。

第七章 圣诚养生，摒弃恶习

家 风 故 事

孔子过城门

鲁国有一个城门，年代久远已经朽烂破败，随时都有坍塌的危险。孔子每次路过这个城门的时候，都感觉非常危险，总是"过之趋而疾行"，快步行走，迅速穿过城门。

孔子快跑穿过城门，这并不是孔子贪生怕死，而是孔子对生命的一份敬重与珍视。

孔子说："君子处易以俟命，小人行险以侥幸。"就是说，君子总试图让自己处于平安、安定之中，然后听天由命；小人却在做险恶的事情时，怀有侥幸心理。

总之，在孔子看来，君子对于生命抱有不开玩笑、不冒险、不侥幸的心理，所以他们能够一生平安、健康长寿。

好逸恶劳是歧途

【原文】

三长难救一短，三勤难补一懒①。

——清·牛树梅《天谷老人小儿语补》

【注释】

①懒：形容词，懒惰，跟"勤"相对。

【译文】

三个人的长处难以补救一个人的短处，三个人的勤快难以补救一个人的懒惰。

【原文】

生长富贵丛中的，嗜欲①如猛火，权势似烈焰。若不带些清冷气味，其炎焰不至焚人，必将自焚。

——《菜根谭》

【注释】

①嗜欲：多指放纵自己对酒色财气的嗜好。

【译文】

生长在豪富权贵之家的人，不良嗜好的危害有如烈火，专权弄势的脾气有如凶焰。假如不及早清醒，用清淡的观念缓和一下强烈的欲望，那猛烈的欲火虽然不至于粉身碎骨，终将会让心火自焚自毁。

【原文】

吾见今世士大夫，才有气干，便倚赖之，不能被①甲执兵，以卫社稷，但微行②险服③，逞弄拳腕，大则陷危亡，小则贻耻辱，遂无免者。

——《颜氏家训》

【注释】

①被：同"披"。

②微行：隐瞒高贵身份，变换衣服外出。

③险服：武士或剑客所穿的上衣，后幅较短，便于活动。

【译文】

我看现在的士大夫，才血气方刚，就以此自恃，却又不能去披铠甲、执兵器保卫国家，只知穿着武士的服装，行踪诡秘，

第七章 圣诚养生，摒弃恶习

卖弄拳脚。严重的就会陷入危亡，轻微的也会遭受耻辱，没有可以幸免的。

家风故事

守株待兔

战国的时候，宋国有一个农夫，他在田里耕种的时候，见到一只兔子如离弦之箭一样从远处飞跑过来，突然撞到了田边的树桩上，把脖子撞断了，死在了树桩旁。

农夫见状喜出望外，赶忙跑过去把兔子捡起来，回家大吃了一顿。从此之后，他异想天开，不再辛勤劳作，而是天天守在树桩旁，希望捡到第二只兔子、第三只兔子……

结果，他田里的野草长得比庄稼都高了，他却连一只兔子也没等到。

后来，人们就用"守株待兔"这个成语来讽刺那些不主动努力，反而存有侥幸心理、好逸恶劳的人。

庸人勿自扰

【原文】

天下本无事，庸人①扰之②而烦耳。

——《新唐书·陆象先传》

【注释】

①庸人：平庸的人。

②扰之：自己扰乱自己。

【译文】

天下本来没有事，自己瞎着急或自找麻烦。

【原文】

杞国有人，忧天地崩坠，身亡所寄，废寝食者。

——《列子·天瑞》

【译文】

杞国有个人，担心天地会塌陷，自己无处藏身，便整天吃不好饭，睡不好觉。

【原文】

儿孙自有儿孙福，莫为儿孙做马牛。人生不满百，常怀千岁忧①。

——《增广贤文》

【注释】

①忧：担忧。

【译文】

子孙后代们自会有他们的福分，不要为子孙们过于操劳，甘当牛马。人的一生活不到一百岁，却往往为千年后的事担忧。

【原文】

性躁①心粗者，一事无成；心和气平者，百福自集②。

——《菜根谭》

【注释】

①性躁：急躁。

233

第七章　圣诚养生，摒弃恶习

②集：聚集。

【译文】

性情急躁粗暴的人，一件事情也做不成；心地平静温和的人，所有的幸福都会为他降临。

【原文】

天欲祸人，必先以微福骄之①，所以福来不必喜，要看他会受；天欲福人，必先以微祸儆之②，所以祸来不必忧，要看他会救。

——《菜根谭》

【注释】

①骄之：使他起骄傲之心。

②儆之：使他警惕小心。

【译文】

上天要降灾祸在一个人身上时，一定会先给些许的福分滋长他的骄傲之心，所以福运来了不要高兴得太早，要看自身是否懂得接受；上天要降福运在一个人身上时，一定会先给些许的灾祸来使他警惕小心、稍做惩戒，所以灾祸来了也不要太过忧虑，要看自身是否会自救。

家 风 故 事

杞人忧天

古时候，有一个杞国人，每天都担心天会塌，地会陷，会弄得自己没有地方可以安身。所以，他每天都哭丧着脸，心里十分害怕，站也不是，坐也不是，甚至食不下咽，寝不安然。

有一天，一个好心人见他这样，觉得有必要开导他，就跑过去对他说："天是由气体聚积而成，这种气体弥漫于整个空间。你从生下来开始就在空气里活动，你的每一个举动，每一次呼吸，都在跟空气打交道，怎么还担心天会塌下来呢？"

杞人听了，有点儿将信将疑。他问道："如果天真的是气体，那日月星辰挂在空中，不就有掉下来的危险吗？"好心人告诉他："不会的，日月星辰也都是会发光的气积聚而成的，即使掉下来，也不会伤害到人的。"

杞人犹豫了一会儿，又问："那如果地陷下去怎么办？"好心人看了看他，耐心地说："地是由土块堆积成的，填满了四处，没有什么地方是没有土块的。你每天都在地上踩着泥土，行走跳越，怎么还担心它会塌陷呢？"

听完好心人这么一说，那个杞国人才恍然大悟，一下子卸下了心头的重担。

顺天地自然养生

【原文】

全阴则阳气不极，全阳则阴气不穷。春食①凉，夏食寒，以养于阳；秋食温，冬食热，以养于阴。

——《黄帝内经素问·四气调神》

【注释】

①食：动词，吃，喝。

【译文】

阴盛或阳盛对身体都是有害的。春天多食凉食，夏天多食寒食，以抵消春夏体内过分的阳气；秋天多食温食，冬天多食热食，以抵消秋冬体内过分的阴气。

【原文】

智者^①之养生也，必顺四时而适寒暑，和喜怒而安居处，节阴阳而调刚柔，如是则僻邪^②不至，长生久视。

——《灵枢经·本神》

【注释】

①智者：聪明的人。

②僻邪：形容词，指怪僻、邪秽的致病因素。

【译文】

真正会养生的聪明人，必定顺承四季变化，适应寒暑交替的规律，调和喜怒，调节阴阳刚柔，使之达到和谐平衡状态，如此这样，邪僻不正之病就不会产生，可保长生久视、益寿延年。

【原文】

凡人所生者神也，所托者形也。神大用^①则竭^②，形大劳则敝^③，形神离则死。

——《淮南子·精神训》

【注释】

①大用：使用过度。大，副词，表示程度深。

②竭：用尽，衰竭。

③敝：衰败，疲惫。

【译文】

神是生命的根本，形是生命所依托的躯体，二者对于生命来说缺一不可。过劳过用则衰竭，形神合一则人生，形神分离则人死。

【原文】

持而盈之，不如其已[1]；揣[2]而锐之，不可长保。

——春秋·老子《老子·九章》

【注释】

①已：停止。

②揣：动词，揣摩。

【译文】

满满地持有还不如适可而止；铁器磨得过于尖锐，自然容易挫钝，锋利不能长久。

【原文】

人大喜邪[1]，毗[2]于阳；大怒邪，毗于阴。阴阳并毗，四时不至，寒暑之和不成，其反伤人之形乎。

——战国·庄子《庄子·在宥》

【注释】

①邪：助词，用在句末，表示疑问或反问的语气，相当于"吗""呢"。

②毗：动词，损伤。

【译文】

人过分欢乐，就会损伤阳气；过分愤怒，就会伤害阴气。阴阳二气同时伤害，四季不按时序交替运行，寒暑不调，它就会反过来伤害人的形体。

【原文】

暴[1]怒伤阳，暴喜伤阴。厥气上逆，脉满去形。喜怒不节，

第七章　圣诚养生，摒弃恶习

寒暑过度，生乃不固。

——《素问·阴阳应象大论》

【注释】

①暴：形容词，过分急躁，容易冲动。

【译文】

暴怒伤阴气，暴喜伤阳气。郁气上升会伤血管、大脑。喜怒哀乐不节制，忽冷忽热，会损害身体健康，生命不可长保。

【原文】

凡食之道，大充①，伤而形不藏②；大摄③，骨枯而血沍④。充摄之间，此谓和成。

——《管子·内业》

【注释】

①充：形容词，饱满，实足。

②藏：通"臧"，善，良好。

③摄：动词，收紧，控制。

④沍：动词，凝滞，冻结。

【译文】

饮食的规律是吃得过饱，就会损伤肠胃，导致脏腑功能失调，进而伤害形体；而过于控制饮食，吃得过少，则会营养不良，从而造成形体枯槁、血气凝滞而闭塞。讲究"充摄"的学问，则身心和畅。

【原文】

百病生于气也，怒则气上，喜则气缓，悲则气消，恐则气下，寒则气败，炅①则气泄，劳则气耗，思则气结②。

——《内经·素问·举痛论》

【注释】

①灵：形容词，热，亮。

②结：郁结，郁积。

【译文】

各种疾病与不安均与气的紊乱或滞塞有关，气的逆上、迟缓、消散、逆下、败坏、泄漏、耗损、郁结，导致人的怒、喜、悲、恐、寒、热、劳、思等不适。

【原文】

养气者，行欲徐①而稳，立欲定而恭，坐欲端而直，声欲低而和。种种施为，须端详闲泰。

——明·袁黄《摄生三要·养气》

【注释】

①徐：动词，缓慢地，从容地。

【译文】

养生的人，走路要缓慢而稳健，站立要镇定恭敬，坐姿要端庄正直，说话要低声和悦。种种行为应端正、安详、悠闲，在运动中存养元气。

【原文】

吹①嘘②呼吸，吐故纳新③，熊经④鸟申⑤，为寿而已矣。

——战国·庄子《庄子·刻意》

【注释】

①吹：动词，把嘴合拢用力呼气。

②嘘：动词，从嘴里慢慢地吐气。

③吐故纳新：原为道家的养气之术，指有规律地呼出二氧化碳，吸收新鲜氧气，后用以比喻扬弃旧的，吸收新的。吐，呼出。故，旧的。纳，吸收，吸进。

第七章 圣诚养生，摒弃恶习

④经：名词，中医指人体气血运动的通路。

⑤申：通"伸"，伸展。

【译文】

（养气的方法）吐出浊气，纳入清气。呼吸时要像熊攀缘树木一样活动上肢，像鸟飞翔那样展翅伸腿。养气运动令经络血脉通畅，祛除百病，益寿延年。

【原文】

纯粹①而不杂，静一而不变，淡而无为，动而以天行②，此养神之道也。

——战国·庄子《庄子·刻意》

【注释】

①纯粹：形容词，不含杂质或其他成分。

②天行：依天而行。

【译文】

纯粹而不掺杂，宁静纯一而不变动，恬淡无为，按自然规律运动，这就是颐养心神的道理了。

【原文】

乐行而志清，礼修而行成，耳目聪明，血气和平，移风易俗①，天下皆宁，莫善于乐。

——战国·荀子《荀子·乐论》

【注释】

①移风易俗：转移风气，改变习俗。

【译文】

音乐推行后人们的志向就会高洁，礼制遵循后人们的德行就能养成。要使人们耳聪目明，感情温和平静，改变风俗，天下都安宁，没有什么比音乐更好的了。

【原文】

性静情逸①，心动神疲。

——周兴嗣《千字文》

【注释】

①逸：形容词，闲适，安乐。

【译文】

性情安定，心旷神逸。心动欲念，精神疲劳。

家 风 故 事

孙思邈之父：改变一生的养生教育

孙思邈（581—682），京兆华原（今陕西耀县）人，唐代医学家。他总结了唐以前的临床经验和医学理论，收集方药、针灸等内容，著《千金要方》《千金翼方》等著作。

孙思邈自小聪明过人，7岁就学，日诵千言，人称"圣童"。但他只知苦读，不注意养生，以致体弱多病。对于自己的健康，他曾这样说："幼遭风冷，屡造医门，汤药之资，罄尽家产。"由于身体虚弱，虽四方求医，耗费资财却屡治不愈。看到儿子如此好学却体弱多病，他的父亲又是欣慰，又是担心。于是，当孙思邈的父亲又看到他抱病夜读时，就劝导孙思邈说："孩子，你读书上进，父母高兴，但病成这样，知识再多又有何用？你自小立志学医，可自己性命难保，又如何拯救他人？"

父亲的一席话让孙思邈顿时醒悟，于是，他决定以后要劳逸结合，在勤奋读书的同时也要注意休息、饮食等养生之术。慢慢地，他的身体开始康复。当自己的身体日益强健后，孙思邈决心把养生之术传达给更多的人，于是，他开始勤于学医。到20岁时，孙思邈已学识渊博，洞达古今。为了让更多的有病之人得到医治，让更多的人可以获得健康，孙思邈不仅

第七章 圣诚养生，摒弃恶习

处处宣传他父亲教给他的养生健身的主张，还四方投师求教，大量收集民间的偏方、秘方、验方，著成了《千金要方》《卫生歌》《养生铭》等养生名篇，大力倡导民众养生。

孙思邈不仅医术精湛，而且医德高尚，他说"人命至重，有贵千金"。他为人看病不分老幼贫富，出诊亦不论路途远近、寒暑昼夜，一心治病，救人无数，世称"神医"。皇帝听说孙思邈医术高超，曾召他为御医，但他婉言谢绝了，他希望能够待在民间，为更多百姓治疗疾病。为了摆脱官宦纠缠，孙思邈隐居在太白山，继续为民众治病。后来，孙思邈活到一百多岁，唐太宗作《真人颂》称赞他为"名魁大医"。

参考文献

[1] 荣格格, 吉吉. 中国古今家风家训一百则[M]. 武汉: 武汉大学出版社, 2014.

[2] 杨永华, 胡昌军. 反腐倡廉 崇洁自律[M]. 北京: 企业管理出版社, 2014.

[3] 王一, 苏良增, 李永华. 廉洁自律 从心开始[M]. 北京: 企业管理出版社, 2014.

[4] 宋希仁. 做一个廉洁自律的人[M]. 北京: 中国方正出版社, 2013.

[5] 兰涛. 自律胜于纪律[M]. 北京: 中国华侨出版社, 2012.

[6] 童子礼. 家诫要言[M]. 吴洋, 高小慧, 译注. 北京: 中华书局, 2012.

[7] 任志坤. 廉洁自律小故事[M]. 北京: 企业管理出版社, 2013.

[8] 田力. 立志·钻研故事[M]. 北京: 现代出版社, 2013.

[9] 杨萧. 颜氏家训袁氏世范通鉴[M]. 北京: 华夏出版社, 2009.

[10] 夏新. 中华传统美德教育丛书: 立志篇[M]. 武汉: 湖北教育出版社, 2012.

[11] 张红霞. 中华蒙学经典[M]. 西安: 太白文艺出版社, 2011.

[12] 刘默. 菜根谭[M]. 北京: 中国华侨出版社, 2011.

[13] 冯雪钰. 早一天立志, 早一天成才[M]. 北京: 地震出版社, 2010.

[14] 孙瑞. 自律: 这样才能管住自己[M]. 北京: 化学工业出版社, 2010.

[15] 李世民. 帝范[M]. 唐政，释. 北京：新世界出版社，2009.

[16] 叶轻舟. 立人立志立事业：圣贤如是说[M]. 哈尔滨：哈尔滨出版社，2006.

[17] 长辰子. 一生三立——立志以求远、立行以求功、立德以求尊[M]. 北京：中国致公出版社，2006.

[18] 陆林. 中华家训[M]. 合肥：安徽人民出版社，2000.

[19] 梁文科. 身戒·家戒·官戒[M]. 保定：河北大学出版社，1996.

后 记

一个家庭或家族的家风要正，首先要注重以德立家、以德治家。其次还要书香不绝，坚持走文化兴家、读书树人之路。习近平总书记谈到自己的经历时，曾经多次谈及自己的淳朴家风。从某种意义上说，正是因为家风家教的缺失，一些人走上社会之后容易失去底线，做出一些违背道德、法律的事情，导致家风缺失、世风日下。现在重提"家风"，是有积极现实意义的。这是一种文化的回归，是一种历史智慧的挖掘与重建。

端正家风，弘扬传统教育文化，传承优秀的治家处世之道，正是我们策划本套书的意图所在。

本套书从历代各朝林林总总的家训里，摘取一些能够表现中国文化特点并且对于今天颇有启发意义的格言家训，试做现代解释，与读者共同品味，陶冶性情。

在本套书编写过程中，得到了北京大学文学系的众多老师、教授的大力支持，安徽师范大学文学院多位教授、博士尽心编写，在设计现场给予指导，在此表示衷心的感谢！尤其要特别感谢安徽省濉溪中学的一级教师田勇先生在本套书编写、审校过程中给予的辛苦付出和大力支持！

　　本套书在编写过程中，参考引用了诸多专家、学者的著作和文献资料，谨对这些资料、著作的作者表示衷心的感谢！有些资料因为无法一一联系作者，希望相关作者来电来函洽谈有关资料稿酬事宜，我们将按相关标准给予支付。

　　联系人：姜正成

　　邮　箱：945767063@qq.com